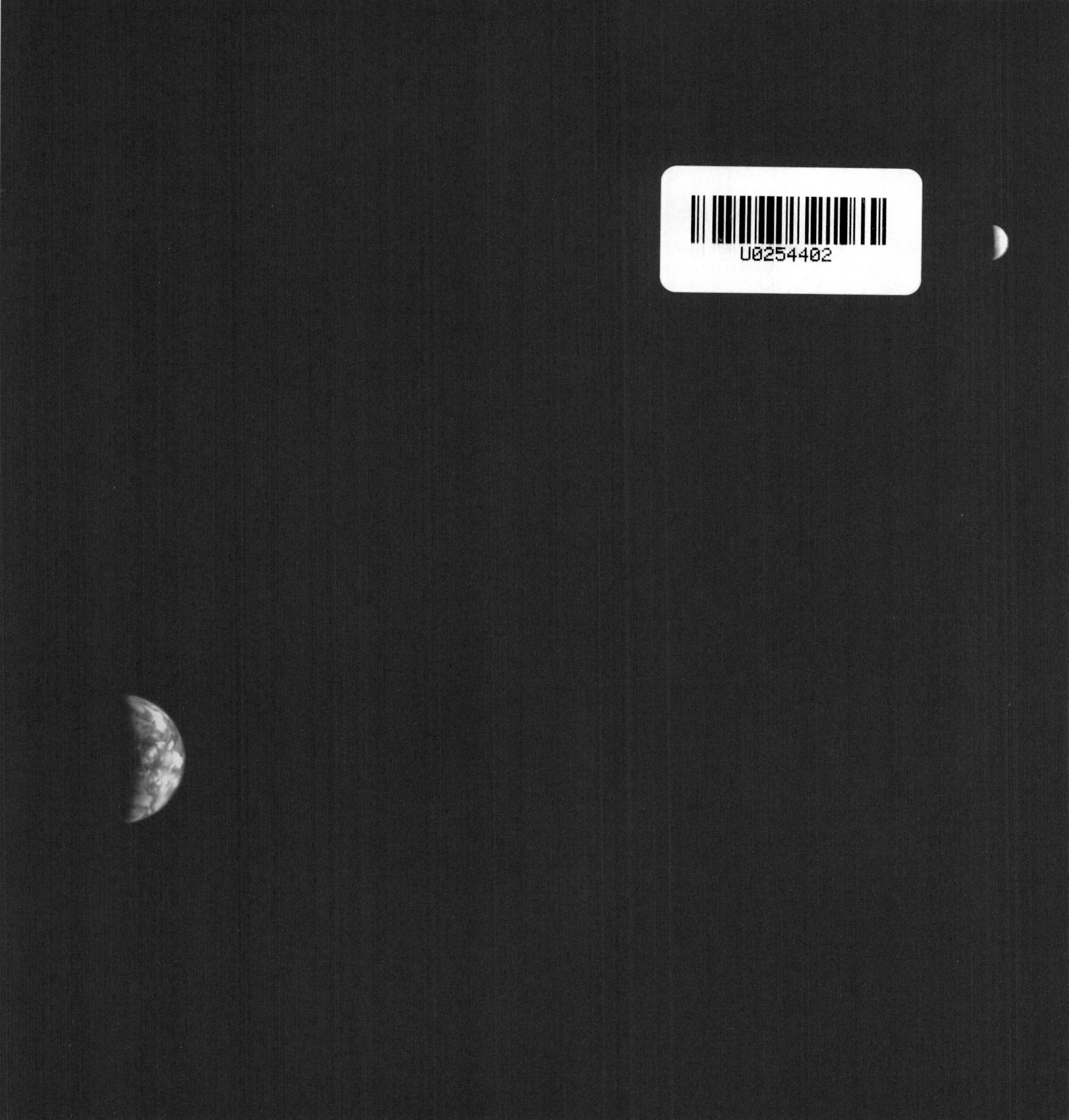

美国国家地理丛书

行星世界

探索太阳系的秘密

PLANETOLOGY

UNLOCKING THE SECRETS OF THE SOLAR SYSTEM

［美］汤姆·琼斯（Tom Jones） ［美］艾伦·斯托芬（Ellen Stofan）/ 著

顾玮莱 张晓佳 / 译

人民邮电出版社

北京

图书在版编目（C I P）数据

行星世界：探索太阳系的秘密 /（美）汤姆·琼斯
(Tom Jones)，（美）艾伦·斯托芬（Ellen Stofan）著；
顾玮莱，张晓佳译. -- 北京：人民邮电出版社，2020.9
（美国国家地理丛书）
ISBN 978-7-115-53948-9

Ⅰ. ①行… Ⅱ. ①汤… ②艾… ③顾… ④张… Ⅲ.
①天文学－普及读物 Ⅳ. ①P1-49

中国版本图书馆CIP数据核字(2020)第078067号

版 权 声 明

◆ 著　　　[美]汤姆·琼斯（Tom Jones）
　　　　　[美]艾伦·斯托芬（Ellen Stofan）
　 译　　　顾玮莱　张晓佳
　 责任编辑　杜海岳
　 责任印制　陈 犇
◆ 人民邮电出版社出版发行　　北京市丰台区成寿寺路 11 号
　 邮编　100164　电子邮件　315@ptpress.com.cn
　 网址　https://www.ptpress.com.cn
　 北京捷迅佳彩印刷有限公司印刷
◆ 开本：889×1194　1/20
　 印张：11.2　　　　　　　2020 年 9 月第 1 版
　 字数：339 千字　　　　　2024 年 12 月北京第 9 次印刷
　 著作权合同登记号　图字：01-2018-8763 号
定价：78.00 元
读者服务热线：(010)81055410　印装质量热线：(010)81055316
反盗版热线：(010)81055315
广告经营许可证：京东市监广登字 20170147 号

内 容 提 要

今天，人类的视野已经从所居住的行星地球扩展到更为广阔的太阳系，我们与太阳以及太阳系中其他行星的关系从未如此密切。科学家们通过研究地球上的地质活动去揭示遥远行星上的秘密，而通过各种手段对其他行星的探测又加深了我们对地球未来命运的认识。本书由两位作者共同编写而成：其中一位作者是行星科学家，曾是美国国家航空航天局的宇航员；另一位作者是行星地质学家。他们这次组成了一个叫"探索地球"的科学小组，从参与太阳系探测的切身体验出发，以第一人称的视角，用通俗易懂的语言为我们讲述了一个个宇宙奇景，如行星及其卫星上的造山运动、陨石撞击、火山活动、冰川活动以及其他地质过程。

让我们开启一段奇妙的太阳系探索之旅吧。

目　录

🌎 地球　　　🔵 海王星
🌕 月球　　　🪐 土星
🟠 木星　　　🔴 遥远星系
🔴 火星　　　🔵 天王星
⚫ 水星　　　🟡 金星

序　言

　　我与艾伦相识于1988年，当时我们都已经完成了"行星学"这门学科的研究生课程，美国国家航空航天局（NASA）邀请我们在华盛顿举办的研究生助研奖学金会议上做各自研究主题的专题演讲。当时我主要研究小行星带边缘处的暗小行星上的水，而艾伦的研究主题是金星上的火山活动。这次会议开启了我俩的友谊和太阳系研究的合作关系，并且持续了20多年。

　　自那次会议后，时隔4年，我们才再次碰面。这次我们开始了"探索地球"项目的合作。艾伦当时是美国国家航空航天局喷气推进实验室的行星学家，而我刚从位于休斯敦的约翰逊航天中心完成宇航员训练项目，并被任命为"奋进号"航天飞机执行STS-59太空飞行任务的宇航员。在此次任务中，"奋进号"将携带高分辨率的图像设备"空间雷达实验室"，拍摄地球的高清晰度影像并将其传回地球。

　　作为"空间雷达实验室"科学小组的核心成员，艾伦主要负责统筹安排空间雷达观测任务，协调地面观测人员和宇航员之间的工作。我们一起参与过多次地面训练任务，为进入空间站轨道实施科学研究做准备。1994年，"奋进号"航天飞机带着多频段雷达和空气污染探测装置执行了两次飞行任务。在这两次任务中，"空间雷达实验室1号/2号"（分别对应于STS-59和STS-68任务，我均参与其中）一共传回了多达100太字节的电子图像数据，揭示了我们这个活跃的地球表面的更多细节。这些任务是美国国家航空航天局应用行星遥感探测技术研究地球的成功案例。在1990—1994年间，"空间雷达实验室"还利用基于"麦哲伦号"探测器雷达开发的高精度成像仪成功地绘制了金星地表图像。

　　那次成功合作后，我俩仍各自进行着行星科学的相关研究工作。艾伦往返于野外和实验室之间，研究地球、金星、火星和土卫六的火山形成理论。她参加了"火星快车号"和"卡西尼号"两个科学小组，这也让她成为研究火星以及土星那巨大的神秘莫测的卫星——土卫六的权威。

　　而我始终对小行星抱有浓厚的兴趣，特别是对那些近地小行星——有时它们的轨道太接近地球甚至有撞击地球的风险。我也协助空间探索组织制定风险预案，应对可能会发生的灾难性撞击。

　　我有过4次太空飞行的经历，而艾伦是第一个"看见"（通过雷达）金星和土卫六云雾遮掩下的地表形态的科学家。我俩的科研经历让我们能够对人类身处的太阳系进行更深入、更全面的介绍。我们投入了巨大的热情，通力合作，希望借此书和读者分享有关太阳系的最新科学发现。

　　太空时代的历史才短短50多年，而40年前我们才得以从太空中回望完整的地球。在科学家研发各种科学设备探索太阳系的同时，他们也在用这些设备观察、研究自己所处的星球——地球。航天飞机不仅能帮助我们跟踪飓风的行进路线，为车辆提供实时导航，而且能提供给我们了解地球过去、现在和将来的基本科学数据。正是从太空中我们才观测到地球两极令人触目惊心的臭氧层空洞，我们随之制定了控制化学物质释放的策略，现在臭氧层空洞正在逐渐变小。

　　地球从月球地平线上升起的那一幕美景是阿波罗登月计划众多令人惊叹而又影响深远的成果之一，让我们意识到地球是宇宙中独一无二的绿洲，

行星世界：探索太阳系的秘密

是人类的故乡，更是太阳系中仅存的生命摇篮。而当人类的目光从地球放远眺望太空时，我们也终于了解地球仅仅是太阳系中的一颗行星，太阳系不过是银河系的众多恒星系统中的一员，而宇宙中还有着数不清的星系等待着人类去探索。

从阿波罗登月计划开始，通过发射各式各样的探测器，我们了解了太阳系中每一颗行星的模样。特别是在最近10年间，观测数据有了井喷式增长，从太空中传回了无数关于水星、金星、月球、火星、木星、土星及其卫星的图像数据。科学家对行星表面有了更多新的了解和认识，并从中发现了越来越多与地球地质特征的相似之处，地球这颗太阳系中最具活力的星球是我们认识其他行星的原始教材。

我们对太阳系的了解越多，就越了解自己的星球——地球。打个比方，即使一个医生对某个病人的病情很了解，也不如从众多病例中获取统计数据更能了解人体状况。这样医生能掌握病症的所有情况，了解病症的变化以及发展过程，从而对症下药，治愈病人。同理，行星学家了解的行星越多，就越能够发展出更精确的行星研究方法。在这个太空时代，行星学家极其幸运，因为他们可以利用最新的数据来对比天王星冰冷的卫星、火星和地球在地壳断层结构上的不同。他们也可以对比木卫一上火山的喷发情况与地球上的不同之处。他们甚至可以比较4颗不同的行星和卫星在沙丘形成机制方面的差异。

我们在这种特殊的"野外考察"中获取的信息让我们更了解地球上所发生的一切。如同诗人T.S.艾略特所说："我们探索的脚步将永不停歇，直到回到最初的起点。"到那时，我们才会第一次真正了解自己出发的地方。这也是行星学最基本的观点——我们探索别的世界，最终我们才会真正了解自己的世界。

在本书中，我们将与读者分享太阳系中各行星的最新研究成果。书中收录了"空间雷达实验室"传回的大量地球图像，同时也有宇航员动手拍摄的照片。这些行星的空间图像向读者呈现了过去20年间太阳系及行星学最新的科学发现成果。

作为科学家，我俩所有最有价值的经验都来自亲自探索地球的经历，这也是我们了解遥远世界的原点和立足点。我们很乐意与读者分享我们在"野外考察"中获得的实际感受与印象。所以，我们将在此书中带领读者穿越太阳系，领略沿途风景，然而在旅途的终点，我们还是会重新回到我们亲爱的第三颗行星——地球。

汤姆·琼斯　艾伦·斯托芬
2008年6月

第 1 章
地球：旅程的起点

在探索太阳系中的其他行星之前，
我们得先了解我们自己的星球——地球。

什么是行星学

参见：和而不同，第14页

当我们的祖先仰头观察星空时，他们注意到星星和星星之间是不同的。有些星星在天空中的位置亘古不移，而有些星星会在夜空中游荡行走。于是他们开始问一个问题：宇宙中是否有和我们的地球相似的其他星球？科学家们为此进行过无数次争论，然而千百年来这个疑问一直没有答案。从望远镜中观测到的那些模糊的、昏暗的星体是否有和地球相似的景观？直到太空时代到来，通过发射探测器甚至宇航员登陆星球，人类才对它们有了直观的了解。

让科学家们惊奇的是，不管月球或者火星表面看上去多么具有异域风情，它们实质上也与地球有着共同的形成特征。早期的太空图像揭示了月球和火星表面都有大量的陨石撞击坑（简称陨击坑或陨石坑），同时科学家们也发现这些撞击的痕迹与地球上的陨石坑并无本质上的不同。此后分辨率更高的观测结果展示了它们之间更多的相似性，如火山群、绵延不绝的山脉以及蜿蜒数百千米的断层带。月球曾被大量的火山熔岩改变了地形，就如同西伯利亚、印度和美国西北部海岸线曾出现的情形一样。火星上有大量的环形山，南北两极有厚厚的冰冠，也有纵横交错、遍布全球的溪流、山谷和河道。我们对地球的科学探索仅有300多年的历史，对太阳系中行星的"近距离"观测只有区区40年。而如今，我们甚至已经把目光聚焦于寻找太阳系外的行星世界了。

一开始，科学家们根据地球的地表结构去对比其他行星表面的特征。而随着科学家们对太阳系行星系统了解的加深，反过来对地球表面的形成机制又有了新的见解。这种科学方法发展出了现在的比较行星学。通过研究具有不同地表温度、矿物组成以及重力环境的行星的内外地质活动，我们能够进一步了解何种机制塑造了地球表面的形态。

到处可见的环形山 太阳系中时刻发生着一种天体活动，那就是小行星和彗星引发的撞击事件。加拿大境内古老的抗蚀岩层保存了许多陨石坑痕迹，包括魁北克北部地区著名的冰古拉蒂陨石坑，其形成于140万年以前，现在已被湖水覆盖（左图）。2008年，"机遇号"火星探测车绘制了火星上的维多利亚陨石坑的边缘和布满沙丘的底部，其呈现出一个800米宽的碗状冲击地貌（背景大图）。

早期图像 1965年，"水手4号"探测器发回的图像展示了火星表面类似陨石坑的地貌，打破了人类对于火星上存在类地环境的幻想。但后续空间站对火星的持续观测并未完全排除火星上存在生命的可能性。

行星地球：概述

参见：大陆、地壳与碰撞，第58页

　　行星学这门学科始于我们自己的行星——地球。地球是太阳系中由内及外排列的第三颗行星，是木星轨道之内4颗类地行星中最大的一颗。地球在距离太阳1.5亿千米的轨道上，以大约30千米/秒的速度围绕太阳运转。这个距离恰好可以让水这种物质在地球上以固态、液态和气态3种状态共存。地球从内到外依次是固态铁质内核、液态铁质内核、具有塑性的半固态地幔层，而最外面是一层薄而脆弱的地壳。

　　地壳以及孕育生命的生物圈是46亿年来地球演变的产物。我们的星球从诞生之日起就受到内部和外部永不停歇的自然力的作用，不停地改变着地质结构和地表面貌。板块与板块之间的挤压形成了山脉，不断喷发的岩浆形成了新的地壳，甚至还有来自太空的撞击。地壳最厚之处约有30千米厚，而在海洋底部最薄的部分仅有5000米厚，并随着地幔层的活动而不停地弯曲、断裂。地幔层介于地核和地壳之间，厚度约为3000千米，呈浆状流动，富含放

射性元素铀、钍和钾等。地幔猛烈的对流活动撕扯着地壳，使地表形成高山和峡谷，造成火山喷发，推动地球板块在星球表面漂移。地球内部活动不仅在地表形成了火山和山脉，而且也在海洋底部形成新的地壳，如著名的大西洋中脊。在一些被称作俯冲带的板块边界，老的地壳沉入地幔中，熔解后不断重生。各大洋底的地壳除了和大陆板块衔接的少许部分之外，每几亿年就更新一次。科学家们发现部分地壳形成于2亿年前。

　　在相对密度更小、更古老的陆地板块上，每一个地球内部构造之力冲出地表的地方，都会出现洪水泛滥、冰山崩裂、风暴肆虐等现象。当陆地板块的核心部分因为侵蚀而显露时，科学家们在格陵兰岛发现了42亿年前的原初地壳物质。在地球46亿年的历史中，不停被撞击的陆地板块边缘隆起了一座又一座山脉，同时侵蚀作用又不停地削弱那些高大的山峰，碎屑沉积下来形成新的沉积岩。

46亿年前	46亿年前	46亿年前	36亿年前
太阳系从分子云中诞生	行星系统形成	地球表面冷却，大气层形成	单细胞有机体出现

随着地表环境的剧烈变化，生命也在严酷的环境中萌发。不管是在南极的冰雪冻土地带，还是在黄石国家公园滚烫的地热喷泉中，地球上的生命都在努力生存和演化，最终统治了地球。但生命的出现和演化并不是必然的，地球本身对生命来说是充满敌意的。

地球是太阳系中的八大行星之一，而地球上的生命和太阳系活动紧密相关。生命所需要的能量主要来自太阳发出的光和热，而地球上生命的生存和演化也深受自然灾害（如地震、飓风和火山喷发）的影响。这些事件深刻地影响着我们星球的历史。

地球是一颗充满活力的星球，变化才是它的常态。人类出于生存的本能竭尽全力去理解发生这些变化的缘由，希望在变化发生时能尽快适应新的环境。在面对宇宙大冲撞的威胁时，人类试图阻止这种毁灭性的大灾难的发生。

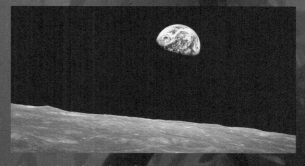

初升的地球

1968年12月24日，"阿波罗8号"的宇航员在首次执行绕月轨道任务时拍下了这张地球照片。虽然此前地球卫星已经拍摄过地球表面的影像，但这是人类第一次从静谧无垠的宇宙中远眺地球。与荒芜寂静的月表相比，地球这块"蓝色大理石"显得如此优美动人。"阿波罗8号"的宇航员通过仔细研究月球探测器测绘的月表地图，同时结合在地球上和野外地质学家一起训练时所获得的知识，可以在月球轨道上分辨出月球上那些与地表相似的地质特征，如陨石坑、山脉、撞击盆地以及地壳裂谷。随后"阿波罗号"宇航员发起了6次月球远征，实地应用在地球上学到的地质学知识。他们曾去过冰岛、夏威夷、亚利桑那州和爱达荷州的熔岩地带，也曾徒步攀爬过亚利桑那州陨石坑的陡峭岩壁（由撞击形成）。他们学会了如何进行区域地质分析以及区分火山地貌和撞击地貌。如今，宇航员们通常通过讲座和实地考察进行地质学训练，美国国家航空航天局也准备设置新的课程训练新的宇航员，为以后重返月球做准备，而那可能会发生在2020年以后。

10亿年前	4.7亿年前	2.5亿年前	2.1亿年前
多细胞有机体诞生	陆生植物出现，鱼类是地球上主要的生命形式	进入恐龙时代	第一批哺乳动物诞生

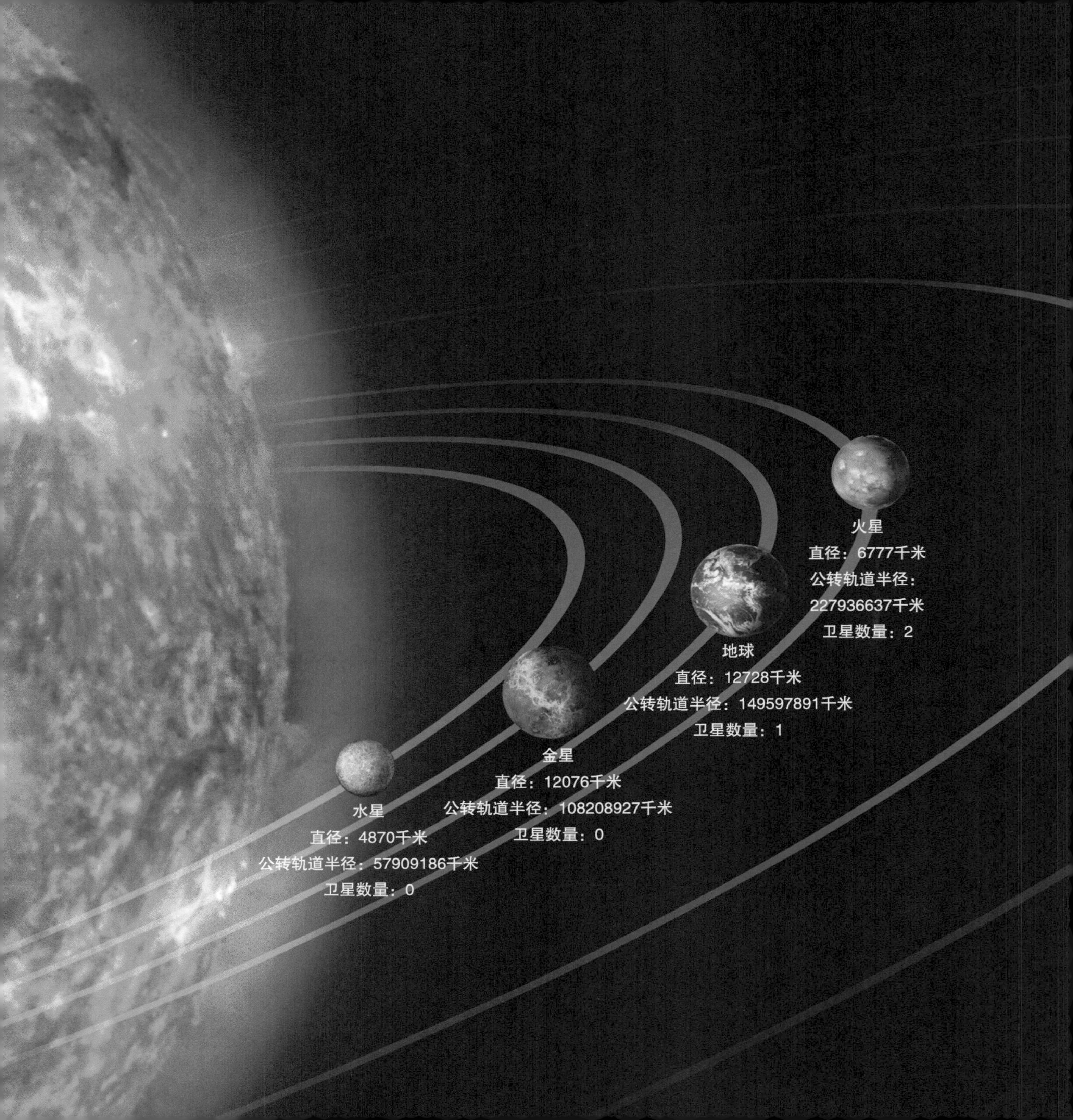

火星
直径：6777千米
公转轨道半径：
227936637千米
卫星数量：2

地球
直径：12728千米
公转轨道半径：149597891千米
卫星数量：1

金星
直径：12076千米
公转轨道半径：108208927千米
卫星数量：0

水星
直径：4870千米
公转轨道半径：57909186千米
卫星数量：0

海王星
直径：49422千米
公转轨道半径：4498252952千米
卫星数量：14

天王星
直径：51000千米
公转轨道半径：2870972169千米
卫星数量：27

土星
直径：120270千米
公转轨道半径：1425725413千米
卫星数量：82

木星
直径：142668千米
公转轨道半径：778412028千米
卫星数量：79

专题：

太阳系

　　我们的恒星——太阳，毫无疑问是太阳系之首。靠近太阳的都是具有岩石特征的类地行星，其中在水星上人类甚至还发现了大气层。行星形成时期遗留下来的小行星带横亘于火星和木星的公转轨道之间。岩质行星的外侧是气态行星——巨大的木星和土星，它们自诞生之日起便从太阳分子云中吸聚了大量的氢和氦。木星的直径是地球的10倍之多。天王星和海王星同样也是气态行星，但它们的直径只有木星的约1/3。冥王星曾是太阳系中的第九大行星，但后来人们发现它只不过是太阳系边缘处的众多小型冰状天体中的一个，因而它重新被归入了矮行星。

参见：制造月球，第38页

太阳系中的卫星

除了水星和金星，太阳系中的各大行星都有卫星环绕。关于卫星的起源众说纷纭。当大质量的气态行星从太阳所处的分子云中诞生时，它们被原初卫星星盘围绕着，就如同恒星在诞生时被原初行星星盘围绕着一样。星尘旋绕，最终形成了足够大的星体，沿着各自行星的轨道旋转。木星、土星甚至天王星都形成了它们各自的"小型太阳系"。木星的4颗伽利略卫星，以及土星的泰坦（土卫六）、瑞亚（土卫五）、狄俄涅（土卫四）、伊阿珀托斯（土卫八）、特提斯（土卫三）和恩克拉多斯（土卫二）都是

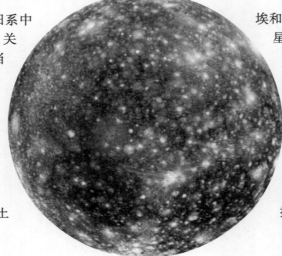

木卫四的直径超过4800千米，是木星的第二大卫星，比水星略小。它的冰冻外壳上布满了撞击坑，这表明它的外壳可能有40亿年的历史，所以保留了太阳系中最后一次猛烈的小行星和彗星撞击的痕迹。

为人熟知的卫星。另外一些卫星只有小行星或者彗星那么大，它们多被认为飞行到行星附近时被行星的引力捕获，成为行星的卫星。火卫一和火卫二即这种卫星起源说的例证。只有少数小行星足够幸运，能够被行星的引力捕获而拥有稳定的轨道，而大多数小行星会受到外层行星的引力撕扯，在行星轨道间游荡。极少数小行星会和行星发生猛烈撞击，撞击后的碎片随后被引力捕获，同时受到行星外层大气或原初卫星星盘物质的摩擦而减速，形成卫星。月球和海卫一被认为是小行星撞击行星后的产物。巨大的撞击体裹挟着大量行星物质进入空间轨道，和星际间物质汇聚碰撞，随后这些过热的气体、尘

埃和碎片吸积在一起成为卫星。海王星的自转轴与其他行星的自转轴几乎呈90度，可以说它是躺着围绕太阳公转的。它很可能遭受过一次剧烈的星际撞击，造成了自转轴倾斜，而溅射出的行星物质最后形成了海卫一。计算机模拟显示，即使金星和水星没有卫星环绕，但在历史上它们也遭受过小行星或彗星的撞击。这些撞击没有产生足够的物质来形成卫星（这些物质可能最终又回到了行星本身），或者曾经形成过卫星，但这些卫星受到行星潮汐引力的作用而碎裂，最终被行星吸收。小型卫星通常无法保持其内部热量，热量很快就散逸到冰冷的太空中。只有一小部分卫星拥有足够大的体积，能够保持住放射性物质散发的热量，产生内部地质活动，如火山喷发、岩浆熔融、地壳弯曲而形成山脉。木卫一受到木星巨大的潮汐引力作用，超级火山活动和超级地震频繁发生，其表面布满了硫化物熔岩流，不断改变着地表形态。这也让其拥有了太阳系卫星中"最年轻"的外表。如此众多的卫星为比较行星学这门学科提供了各式各样的"实验室"来验证不同的理论。那些最终变得冰冷的"死亡"了的小型卫星则是最佳的太阳系历史记录仪。它们那坚硬的表面可以保留小型撞击的痕迹，这是一本贯穿整个太阳系的撞击历史书，供我们随时研读。

海伯利安（土卫七），直径仅有290千米，是一颗不规则的球形卫星。2005年，"卡西尼号"拍摄的高清图像显示，远古时代的一次猛烈的撞击将土卫七撕裂，暴露了其海绵状的、富含冰的内部结构。土卫七的低密度结构也显示出它主要由松软多孔的冰组成。

火卫一，2008年由"火星快车号"探测器传回的精细图像显示出它多尘、模糊的表面特征。某次撞击在火卫一上留下了一个直径约为10千米的大坑（图中左侧），被命名为斯蒂克尼陨石坑。在这个直径只有21千米的、状似土豆的卫星上，这个陨石坑是最引人注目的特征。

专题：
观测地球

地质学家们习惯从高处来眺望评估附近的地形，现在航拍照片成为他们最得力的助手。人造卫星的出现将观测位置提升到了太空，让我们可以从空中俯瞰地球。这项技术一开始用于军事侦察，后又开放给科学研究。太平洋板块和北美板块的交会处形成的断层被称为圣安地列斯断层，其横穿加利福尼亚州西北部的旧金山湾。现代城市旧金山恰好位于断层之上，1906年的大地震导致了28000栋建筑物倒塌和3000人死亡。这里的背景图片是"伊克诺斯号"卫星拍摄的英巴卡迪诺金融区和旧金山—奥克兰海湾大桥的图片。科学家们除了用轨道卫星来拍摄重要的地质照片之外，也会利用人眼不可见的光谱进行扫描拍摄。可见光可以帮助人类了解城市街区、植被分布和地理结构，其他波段的光波可以用于调查植物的种类和健康状态，了解土地利用状况，更可以监视旧金山脆弱地形下的支撑结构是否稳固。行星学家用同样的方法勘探一颗行星的表面形态，用不同波段的光谱探测行星，搜寻不同种类的岩石和物质（熔岩、地壳岩床、含水沉积物、尘埃下掩藏的冰），或者探索被云雾遮盖的地貌。

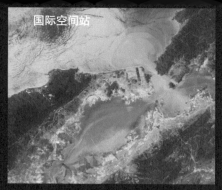

国际空间站

国际空间站上的宇航员拍摄了这张中等分辨率的照片，从中可以看到城区、植被和旧金山湾入海口的冲积平原。

美国"陆地卫星7号"

美国"陆地卫星7号"用不同波段拍摄了上述同一地区的照片。不同颜色的明暗对比显示了地表植被和城市化发展状况。

合成孔径雷达卫星

雷达的微波波段可以透过云雾拍摄照片，也可以"暗中视物"。空间雷达可以探测地震引起的微小地表摄动。

和而不同

参见：火星上的"运河"，第110页

科学家们用观测地球的方法去探索其他世界的秘密。第一批来自太空的数据缘于20世纪60年代美国和苏联之间的太空竞赛，当时美国国家航空航天局在为"阿波罗号"宇航员寻求安全的登月地点，他们需要审慎地研究月表状况。接下来是火星，因为当时人们坚信火星可能适合生命生存。于是整个70年代，月球和火星的太空影像如潮水般涌来，地质学家利用地球上的经验去解释他们看到的月球和火星图像。从传回的数据来看，月球上的陨石坑与火山的确和地球上的有相似之处，但让科学家们更感兴趣的是火星上那些似曾相识的画面。当然，这颗红色星球还是有其独一无二之处的。

火星上的火山具有我们所熟知的盾状结构，玄武岩形成的火山口位于顶部，坡度平缓，这与地球上的情形一样。但不同的是，火星上的火山是巨型火山。以奥林匹斯火山为例，如果将其搬到地球上，它将占去整个亚利桑那州的面积。地球上最大的盾状火山——夏威夷的冒纳罗亚火山，在其面前也只是个小矮子。

"水手9号"传回的图像展示了火星上壮观的峡谷地貌，纵横交错的网状结构非常像地球上由雨水冲刷出的溪流山谷。人们不禁发出疑问，难道火星上也会下雨？如今通过环绕火星轨道运行的空间摄像阵列，科学家们得以近距离观察火星表面。右图为美国国家航空航天局火星勘测轨道飞行器上的HiRISE相机拍摄的位于火星南半球的一处名为戈尔贡混沌的峡谷群沟状地貌。这些冲沟被蚀刻在陨石坑的内壁上，其形态非常像是由流体冲击而成的，甚至很可能是液态水，它们从陨石坑边缘处的岩层开始一路向下蔓延。

水流会带走河道中那些细小的石块，却带不走那些大的岩石，于是在河道中留下了大大小小的鹅卵石。每道冲沟中那些更细小的、纵横交错的河道代表了千千万万个成因相同的样本。对比火星和地球上山谷的深度和等高线分布状况，我们就能得知是不是雨水冲刷或者其他的气候因素造成了这样的地貌。其中一个学说认为陨石坑边缘处的地表环境不稳定，造成地下水不定时的喷发，从而形成了这些河道。

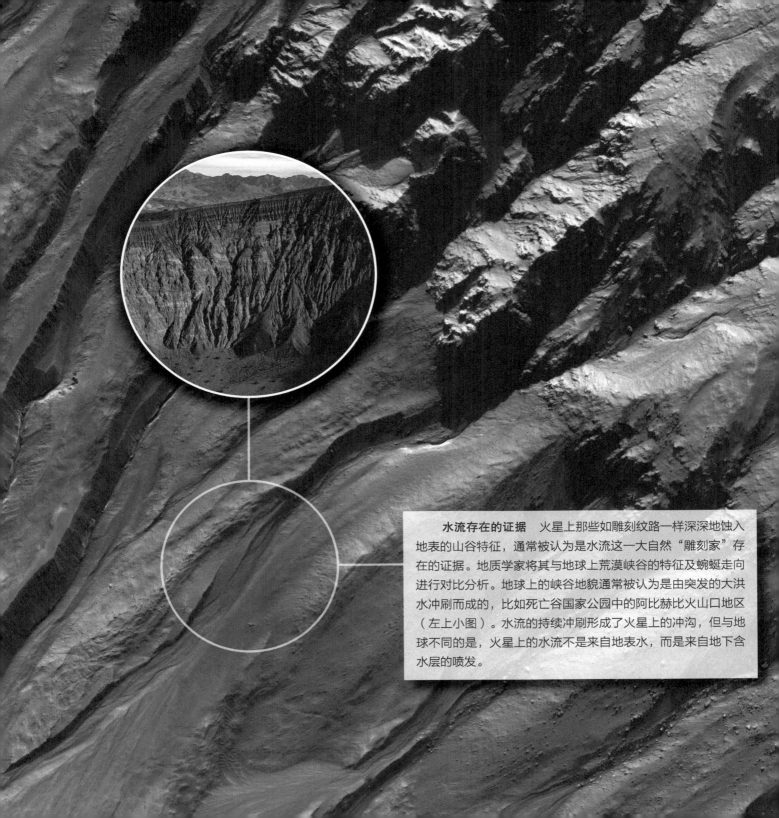

水流存在的证据 火星上那些如雕刻纹路一样深深地蚀入地表的山谷特征，通常被认为是水流这一大自然"雕刻家"存在的证据。地质学家将其与地球上荒漠峡谷的特征及蜿蜒走向进行对比分析。地球上的峡谷地貌通常被认为是由突发的大洪水冲刷而成的，比如死亡谷国家公园中的阿比赫比火山口地区（左上小图）。水流的持续冲刷形成了火星上的冲沟，但与地球不同的是，火星上的水流不是来自地表水，而是来自地下含水层的喷发。

野外考察：
地球探索

　　我上过4次地球轨道，一共历时53天。从那里观察地球有着得天独厚的优势，可以将地球的壮观美景尽收眼底。我曾两次参与"空间雷达实验室"的航天任务（STS-59和STS-68任务），并登上"奋进号"。在这两次任务中，我们获得了许多前所未有的地表图像数据。在1994年4月的第一次任务中，当时机上搭载的最先进的雷达成像处理器用时65小时，一共拍摄了939张雷达图像。"空间雷达实验室"对5.4%的地表面积进行了扫描，最终耗费166盒卡带记录了近6太字节的雷达图像数据。如果用纸张将其打印出来，那将是20000卷百科全书的容量，记录着自然和人类造成的地表形态的变化。同时，宇航员也在忙着照相，最终传回了11000张用于科学研究的照片。而在1994年10月的第二次任务中，雷达成像处理器辛勤工作了80小时，存储的磁盘堆起来高达20米，人工拍摄的照片达到了13000张。这些雷达图像数据和照片是珍贵的研究资料，我和艾伦的国际研究小组花了数年时间用这些资料去了解我们那不停变化着的家乡——地球。从太空中眺望地球是一种无上荣耀，我永远也忘不了从"奋进号"宽阔的窗口注视着地球时的那种幸福和满足感，我几乎无法移开视线。当我们开始探索整个太阳系时，从地球观测中积累的知识永远是我们前进的基石。

——汤姆·琼斯

任务训练 1993年，身为宇航员的汤姆·琼斯为了执行"空间雷达实验室"的航天任务，在夏威夷的基拉韦厄火山进行了跟踪熔岩流向的实地训练。这次训练也有多位地质学家参加，他们主要的科学目的是对地表环境和空间雷达拍摄的照片进行对比。同时，艾伦·斯托芬和几位行星科学家也在西西里岛的埃特纳火山进行实地考察。

行星观测

参见：路在何方，第176页

1609年，伽利略将他的新望远镜第一次对准了太阳系中的其他行星。他看到了新月形状的金星、木星的4颗大卫星和寂静荒芜的月球表面。但直到1965年，所有地面望远镜都不能看清楚火星表面那些模糊的印迹到底是什么，最清晰的月球照片也不能帮助宇航员选择最佳的登月位置。而空间探测器的出现为我们拉开了行星观测的帷幕。

人类发射的第一代探测器曾遭遇了种种挫折，比如飞往金星的探测器在匆匆一瞥金星的模样后就迅速被高温烧毁，而派往火星的探测器被狂暴的大气环境损坏。这些对月球、金星和火星的定点飞掠行动迅速被更复杂的轨道探测任务取代，人们进行了更加详细的行星表面测绘工作。为了执行阿波罗登月计划，美国国家航空航天局曾发射5个月球轨道探测器绘制月球表面地图。1971年，"水手9号"揭示了火星更复杂和更古老的一面。而在20世纪七八十年代发射的"先锋号"和"旅行者号"则分别执行了木星、土星和遥远的外太阳系的首次定点勘测任务。在太空时代来临之前，木星和土星的卫星仅仅是星图上的一个个光点，而"旅行者1号"和"旅行者2号"终于揭开了它们的神秘面纱。

到了20世纪90年代，行星探索任务迎来了新的突破。"麦哲伦号"探测器使用雷达探测了云雾遮掩下的金星表面，"探路者号"探测器携带着小型探测车"旅行者号"重返火星地表，同时多台火星轨道探测器（"火星全球勘测者号""火星奥德赛号""火星快车号"和火星勘察卫星）共同测绘了详尽的火星地图，这也让火星成为我们"最熟悉的陌生人"，即使仍有数不清的谜团等待解答。

起初，太阳系中其他行星上存在生命的希望似乎微乎其微，"阿波罗号"宇航员从月球带回的无菌样本似乎也证实了这一点。但是，由"旅行者号""伽利略号"和"卡西尼号"探测器引发的行星科学革命以及最近来自火星的大量信息，引起了人们对天体生物学领域新的热情。人们不断发出新的疑问：在太阳系的其他地方或者太阳系之外的行星上，是否也有生命存在？而我们对地球的不断探索可以为在其他行星上的新发现提供基本的比较基准。

活跃的地球在46亿年的演化进程里不断变化，生命起源的秘密早已消失在久远的历史中。但在整个太阳系的某些古老环境中，我们也许能找到生命起源的线索。在地球上，大气、地壳、海洋、冰盖和生命之间的相互作用极其复杂。而通过仔细观察那些更古老、更沉寂的世界（彗星和小行星上的有机化合物、火星上休眠火山附近的温泉以及木星的卫星欧罗巴上的地下海洋）并与地球进行比较，我们可能会找到地球演化出了适合人类居住的环境的原因。

下图所示是位于波多黎各的阿雷西博射电望远镜，它能够用于感知地表的精细结构（比如地表粗糙度和土壤性质），可作为探测器测绘的全球信息地图的很好补充。阿雷西博射电望远镜的极窄雷达光束可以照亮月球极地陨石坑阴影处的地面环境，帮助人类寻找适合建立月球基地的冰沉积物的痕迹。

行星世界：探索太阳系的秘密

地球之外 绕地球轨道运转的哈勃空间望远镜发射于1990年，它的出现将观测者从地球大气造成的乱流与灰尘遮盖中解放出来。人类已获知的最好数据均来自那些登上其他星球的探测器，如火星探测车（右图所示为火星岩石背景下的探测车的机械臂）。登上金星、月球、火星与土卫六的探测器代替人类"站上"了异域世界，甚至"行走"其上。

1781年
英国音乐家兼业余天文学家威廉·赫歇尔利用在家中建造的天文台发现了天王星。天王星是首颗借助天文望远镜发现的行星。

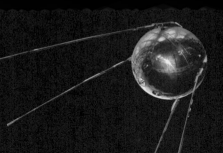

1957年
苏联成功地将第一颗人造卫星送入地球轨道，开启了美苏冷战时期的太空竞赛。

1969年
美国宇航员尼尔·阿姆斯特朗和巴兹·奥尔德林首次登上了月球，并"跨出了人类的一大步"。

1965年
"水手4号"飞过火星上空并进行拍摄。它和其他探测器传回的信息向人们呈现了一个荒芜枯燥的星球影像，终结了人们数十年来关于火星上存在智慧生命的想象。

1659年
荷兰天文学家克里斯蒂安·惠更斯确认了环绕土星的"双臂"实际上是一个环。

1609年
伽利略·伽利雷改进了望远镜，他的观测证明月球表面并不是光滑的。

1930年
美国天文学家克莱德·汤博定位了一个在夜空中游荡的小型天体——冥王星。

1961年
尤里·加加林，一位27岁的苏联宇航员，成为首位进入太空的人。他乘坐"东方1号"宇宙飞船环绕地球108分钟后重新进入地球大气层，并成功地进行了降落伞着陆。

1966年
苏联的"月球9号"探测器成功地在月球上实现了软着陆，成为第一个登陆其他星球的人造物体。美国紧跟其后，"勘测者1号"探测器成功发射并着陆。

1877年
意大利天文学家乔凡尼·斯基亚帕雷利第一次将火星上那些模糊的线条称为"运河"，这也激起了人们关于火星上是否有生命存在的狂热猜想。

1962年
美国宇航员约翰·格伦追随加加林的脚步，乘坐"友谊7号"载人飞船环绕地球飞行。

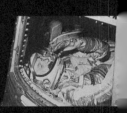

1979年
"旅行者2号"探测器飞过木星轨道，并且正好拍摄到木卫一上的一座正在喷发的火山。木卫一是伽利略当年首先发现的一颗木星卫星。

2004年
美国国家航空航天局的"机遇号"火星探测器带回的岩石样本表明，火星表面的部分区域曾经被水淹没。

1989年
美国国家航空航天局向木星发射了"伽利略号"探测器。"伽利略号"携带的大气探测器坠入了木星诡谲多变的云层，同时发现了木卫六地表下的液体海洋。

2007年
美国国家航空航天局发射了"黎明号"探测器，它将执行一个为时8年的任务，去探索太阳系起源的秘密。"黎明号"将绕小行星带中最大的两颗小行星（灶神星和谷神星）的轨道运转，并收集它们的信息。

1973年
美国国家航空航天局发射了"水手10号"探测器，执行飞往水星的首次任务。它在水星近日点进行了3次定点飞掠，测量水星的质量和电磁场分布。

1997年
"探路者号"探测器登陆火星，执行探测和拍摄任务。

1975年
美国国家航空航天局发射了"海盗1号"和"海盗2号"探测器测绘火星地图，同时获取了大量土壤样本，检测火星表面的风力与温度。

1990年
"发现号"航天飞机载着哈勃空间望远镜飞向太空。在接下来的若干年里，哈勃空间望远镜一直站在人类了解宇宙的最前沿。

2005年
"卡西尼号"探测器是"卡西尼－惠更斯号"探测器的重要组成部分，它拍摄了土星的卫星土卫六的照片，并发现土卫六上的海洋并非由水组成，而是由液态乙烷和甲烷组成。"惠更斯号"探测器与"卡西尼－惠更斯号"探测器分离后在土卫六的表面着陆。

1989年
美国国家航空航天局向金星发射了"麦哲伦号"探测器。"麦哲伦号"成功地绘制了金星表面大部分地区的地图，标记出了火山与各"大洲"。

1997年
美国国家航空航天局向土星发射了"卡西尼－惠更斯号"探测器，探测土星地表的物理环境和大气的化学成分。

小结

　　地球永远是我们启程的地方。野外考察对于我们了解实际的地表形态和地质过程是非常重要的工作。通过大量的实地考察和实验，科学家们已经建立起了翔实的理论和模型，能够很好地解释火山如何喷发和地震波如何传播，也可以解释冰山前端进退变化的原因。如今这些理论和模型被应用到其他行星的研究中，如果它们适用于研究其他行星的地质特征，那么无疑可以大大加深我们对这颗星球的了解；如果这些基于地球的既有理论和模型不适用于其他行星，那么我们就需要重新审视和修正。地质学家需要重新回到野外采集更多的数据，而理论学家会重新评估他们关于撞击、火山喷发和侵蚀作用等基本地质活动的假说。探测器拍摄的图像、宇航员的太空之旅和信息数据三者结合能够发挥出巨大的力量，不仅可以帮助我们了解太阳系，而且可以让我们进一步理解自己的星球。

　　如今，太阳系仍有许多未解之谜等待着我们去揭示。美国与欧洲联合发射的"卡西尼号"探测器绕着土星轨道运转，它传回了两条激动人心的信息。土卫二是一颗冰冷的小型卫星，一直被认为寂静荒芜、毫无生气，但在"卡西尼号"于2006年3月传回的照片中，人们竟然发现其表面存在新近出现的裂痕，甚至还发现了液态水的间歇泉，它们向太空中喷射着冰晶。间歇泉是如何形成的？土星巨大的引力引发的潮汐作用牵引土卫二，造成其内部摩擦产生热量，从而导致了间歇泉的喷发。

　　接着，当年8月，"卡西尼号"向土星最大的被烟雾笼罩的卫星土卫六发射了一束雷达波。返回的数字图像显示，在这颗坚如磐石的、由冰水混合物组成的星球表面上，出现了一些深色的、光滑的斑点。有证据表明这些深色标记是土卫六上的湖泊，而湖水由液态甲烷组成，它们是由土卫六大气中含有的碳氢云雾降落后形成的。同时，甲烷湖泊的存在也说明了土卫六表面有着复杂的化学组成。这也可能是星球早期形成温暖环境的基本要素，同时也可能是生命诞生的温床，而这些痕迹早已在动荡变化的地球历史中消失殆尽了。所以，在土卫六上的发现或许可以引领我们穿越时空了解地球的过去。

　　耐人寻味的卫星　土卫六，土星的一颗被云雾遮盖的卫星，拥有许多极冷的甲烷湖泊。土卫六绕着土星运转，并在土星环中穿行，若隐若现。土卫十一是一颗外表凹凸不平的小型卫星，直径仅为116千米。在2006年"卡西尼号"拍摄的照片中，它正好位于图片中央的上方，飘浮于土星环之上。在土卫六上发现的复杂有机物或许蕴含着揭示太阳系中生命起源的线索。而它异常活跃的姐妹卫星土卫二从冰面裂隙间持续不断地向太空喷射水蒸气和有机物。

第 2 章
地球的灾难史

亚利桑那州的巴林杰陨石坑是地球残酷历史的记录者，小行星撞击
形成的陨石坑直径约1600米，直接改变了地球当时的地貌。

参见: 地球漫游者, 第34页

地球灾难史记录:
我们伤痕累累的家园

3500万年以前,大西洋的潮水在现在以西150千米处冲刷着北美洲的西海岸,彼时全球海平面并未上升。阿巴拉契亚山脉的山坡上布满热带雨林,森林中湿气蒸腾,堪比中大西洋地区闷热潮湿的夏季。突然,在云层后出现了一束强烈的白光,紧接着出现了一道强烈的闪电和震耳欲聋的雷声。一颗直径大约为5千米的陨石或彗星猛烈地撞进了大陆架上的浅海中,引发的爆炸升腾起巨大的火球,摧毁了方圆几百千米范围内的一切。随着冲击波的减弱,巨大的海啸逐渐平息,爆炸产生的灼热碎片如雨一般倾盆而下,在沸腾的海水下砸出了一个巨大的陨石坑,露出了底下的石灰岩和更深处的花岗岩。如同月球上的那些陨石坑一样,海底的陨石坑存在了上千年甚至更久。浮游生物的微小外壳和沉积物最终填埋掩盖了陨石坑,它静静地躺在切萨皮克湾的入海口,一直不为人知,直到20世纪90年代才被地质学家发现。这条远古的伤痕在今天依然影响着人类:它造成了礁石沉降破碎,海水顺着岩石的缝隙一直渗入弗吉尼亚州海岸的淡水井中。

在太阳系漫长的历史中,突发性的灾难事件(陨石撞击、火山喷发和地震)都会造成深远的影响:改变地表形态,开启新的演化进程,甚至直接制造出一个近邻——月球。为了探寻地球和人类的历史,确保人类在灾难中能够生存下去,搞清楚这些突发事件的自然规律尤为重要。

迄今为止,宇宙中突发性最强、破坏性最大的事件就是天体撞击。太阳系的行星自从它诞生之

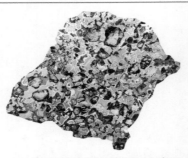

这种罕见的石铁陨石由半透明的橄榄石(黄色)和致密的银色镍铁金属组成,是陨星曾经熔融的铁核与硅酸盐幔状物交界处的残留物。

日起就一直遭受小行星的撞击,而这通常是灾难性的。这些小行星和彗星是在太阳系形成初期由较少的剩余物质形成的。太阳系早期,在如今的火星和木星轨道之间,微型行星聚合成星子,而那些游荡的小行星就是这些星子的产物。然而木星的过快成长搅乱了引力系统,从而使许多小行星脱离并四散逃逸到整个太阳系中。星子们无法合并成长为更大的行星,而是形成了如今的小行星带。那些逃逸的小行星和它们相撞后的碎片,游弋于太阳系内侧行星和木星卫星的轨道之间,同时如同天女散花般在行星表面留下了无数大大小小的撞击坑。

此时,在天王星和海王星徘徊区域内形成的冰冷星子——彗星也受到那些大行星引力的拉扯而冲向太阳系中心区,加入了这场轰炸狂欢,留下一地疮痍。科学家们通过对金星、月球和火星上的陨石坑数量的精确统计,可以推算出在过去的5亿年间发生过多少次撞击以及有多少小星体在太空中游荡。而阿波罗登月计划中采集的月壤样本则明确地告诉了我们这场大轰炸发生的具体时间范围。

随着时间的流逝,太阳系中的各大行星把游荡的星子一扫而空,或者将它们赶出了太阳系。但也有成千上万颗小行星始终群居于小行星带内,它们的体形各异,有些形如小型行星(如谷神星和灶神星),有些还不如一匹马大。在小行星的相互碰撞和木星持续引力作用的双重影响下,一股朝着太阳行进的小行星流形成了,无数小行星和神出鬼没的彗星向地球轨道靠拢甚至与轨道擦肩而过。

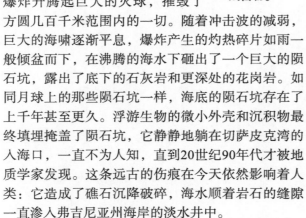

陨石坑　在太阳系形成的早期，行星及其卫星曾遭受大量小行星和彗星的撞击，同样的撞击如今也偶有发生。撞击造成了水星表面独具特色的"蜘蛛"陨石坑（左侧小图），而在地球上，由于环境变化和地壳运动，这些撞击痕迹已被破坏殆尽了。在加拿大北部，人们发现了一个有着2.1亿年历史的古老陨石坑——曼尼古根陨石坑（背景大图），其直径达近100千米，周围散布的河道可能是当年撞击产生的裂纹留下的痕迹。

缓慢发展：历史的常态

参见：行星地球，第6页

"今天是打开昨天大门的钥匙"，这句话出自詹姆斯·赫顿，18世纪的著名地质学家。赫顿是现代地质学之父，他总结出了地表演化理论。赫顿认为地球演化是一个非常持久的地质过程，相对于人类短暂的历史，地球以一种非常缓慢、平和甚至不为人感知的方式发生着变化。

如今人类社会与科技迅速发生着变化，相对而言，地球的稳定令人感到心安。宇航员在太空中眺望地球时，除了变幻的云层和零星点缀其中的风暴，地球显得那么平静祥和。当然，空间站上的宇航员（一般当值6个月以上）也能观察到地球上的四季变化：春天，极地地区海面上的冰山逐渐消融退却；初夏，绿色突然覆盖美国中西部的农田；秋天，树叶凋落，森林逐渐变成棕黄色；而冬天，皑皑白雪旋即铺满山头。而在宇宙的其他地方，区区几个月间就能看到如此明显的景观变化几乎是不可能的。

一个足够细心的自然观察者可以观察到300千米范围内微小而又确实发生着的变化。比如，火山喷发时冒出白烟，成团的岩浆喷涌而出，大量的火山灰遮蔽了天空；撒哈拉沙漠的沙尘暴裹挟着黄沙穿越大西洋，在佛罗里达州和加勒比海扬下沙尘；山体滑坡和泥石流重创山谷中那些陡峭的岩壁，季节性的山洪冲刷出新的河道。

这些是在人类的时间尺度里可以观察到的自然现象。在20世纪，地质学家偶然发现了证据，可以证明突然发生的环境剧变极大地改变了人们曾经熟悉的地貌。毁灭性的岩浆洪流和火山喷发将整片地区埋葬在厚厚的火山灰和火山岩之下。强烈的地震引起大块地壳沿着断层线移动，在此过程中一座座城市被摧毁。最后，来自太空的撞击不停地重创我们的星球，摧毁地表，而这也改变了地球上的生命的演化进程。

天体撞击、火山喷发、地震、海啸，所有这些

40亿年前
小行星与彗星的联合密集轰炸塑造了早期的太阳系。

2.5亿年前
地球历史上规模最大的火山喷发，岩浆覆盖了整个西伯利亚，很可能造成了大规模的物种灭绝。

6500万年前
一块大陨石撞击了墨西哥的尤卡坦半岛，引发了另一次物种灭绝。

1700万年前
格兰德·朗德山谷岩浆肆虐，在美国西北部的地表形成了一层玄武岩。

灾难性的地质活动在极短的时间内爆发出巨大的威力。幸运的是，在人类历史的大部分时间中它们并不经常发生，人类得以躲过重重浩劫，但也因此并不了解这些浩劫的成因——证据多数已被剧烈的地质活动摧毁。在地球46亿年的历史中，由于活跃的地质活动，大部分地壳都已"回炉重造"，因而销毁了这些灾祸在地表留下的直接证据。这给人类带来了一个难题：怎样才能了解这些巨大的力量如何塑造了今天的地球？幸亏太阳系中的其他星球（包括月球）并不像地球一样"充满活力"，所以它们当中的某些星球还保留着"当时的样貌"，记录着数十亿年前曾经发生的灾难。想要了解这些灾难事件多久发生一次，它们又是如何改变地球表面的，以及它们对人类文明和生态究竟有着怎样的威胁，我们必须放眼于太阳系中的其他星球。

在过去的五六百万年间，科罗拉多河缓慢而又锲而不舍地冲刷着地表，更深处的沉积岩层得以出露。如果给予足够的时间，那么这种难以察觉的侵蚀作用能把高山夷为平地，或凿出深达数千米的峡谷。

地球的年龄

查尔斯·莱尔（1797—1875）是研究地球年龄的先驱，他和查尔斯·达尔文生活在同一时代。莱尔意识到，如果今日地球的面貌缘于经年累月的侵蚀作用，那么作用时间一定远远超出《圣经》中的预估，可能达几百万年之久，而这在当时是一个革命性的观点。莱尔关于地形渐变过程的理论——均变论成为今天研究地球的理论基础。一种名为"放射性测年法"的技术最终明确了地球的真实年龄。这种技术利用某一元素（通常是铀元素或者钾元素）的放射性衰减率来揭示地球时钟开始运转的时刻。通过测量某块岩石中某种放射性元素的相对丰度，我们能追溯这块岩石形成的时期。利用放射性测年法，我们发现地球上的陨石多数来自46亿年前——地球形成的初期。在阿波罗登月计划采集回的月球样本中，最古老的形成于距今45亿年到44亿年间，这也让科学家们对月球的形成时间有了把握。而地球上现存最古老的岩石（它们逃离了毁灭性事件，也未被地球上活跃的侵蚀和再构造过程"回炉重造"）大约形成于40亿年前。不同星球表面在同一时期应该呈现相同的陨石坑数量和大小分布。举例来说，将"阿波罗11号"传回的月球表面陨石坑数量和面积数据与火星进行对比，我们发现部分火星表面形成于距今39亿年至36亿年间。火星上布满陨石坑的南半球可能回溯至40亿年前，而北半球多火山平原，仅有10亿年至20亿年的历史。目前除了来自火星的零星陨石，人类尚未获得火星自身的样本，但已有通过无人探测器采集火星上的岩石样本的计划。当它们被带回地球的时候，我们就可以验证人类对于火星年龄的猜想是否正确。

1556年
中国陕西省发生了一场地震，约83万人在地震中丧生。

1783年
冰岛的拉基火山持续喷发了8个月，导致9000人和大量牲畜死亡。

1906年
有记录以来震级最高的地震袭击了智利，震级达9.5级。

2004年
苏门答腊岛附近海域发生的地震引发了海啸，23万多人在海啸中遇难。

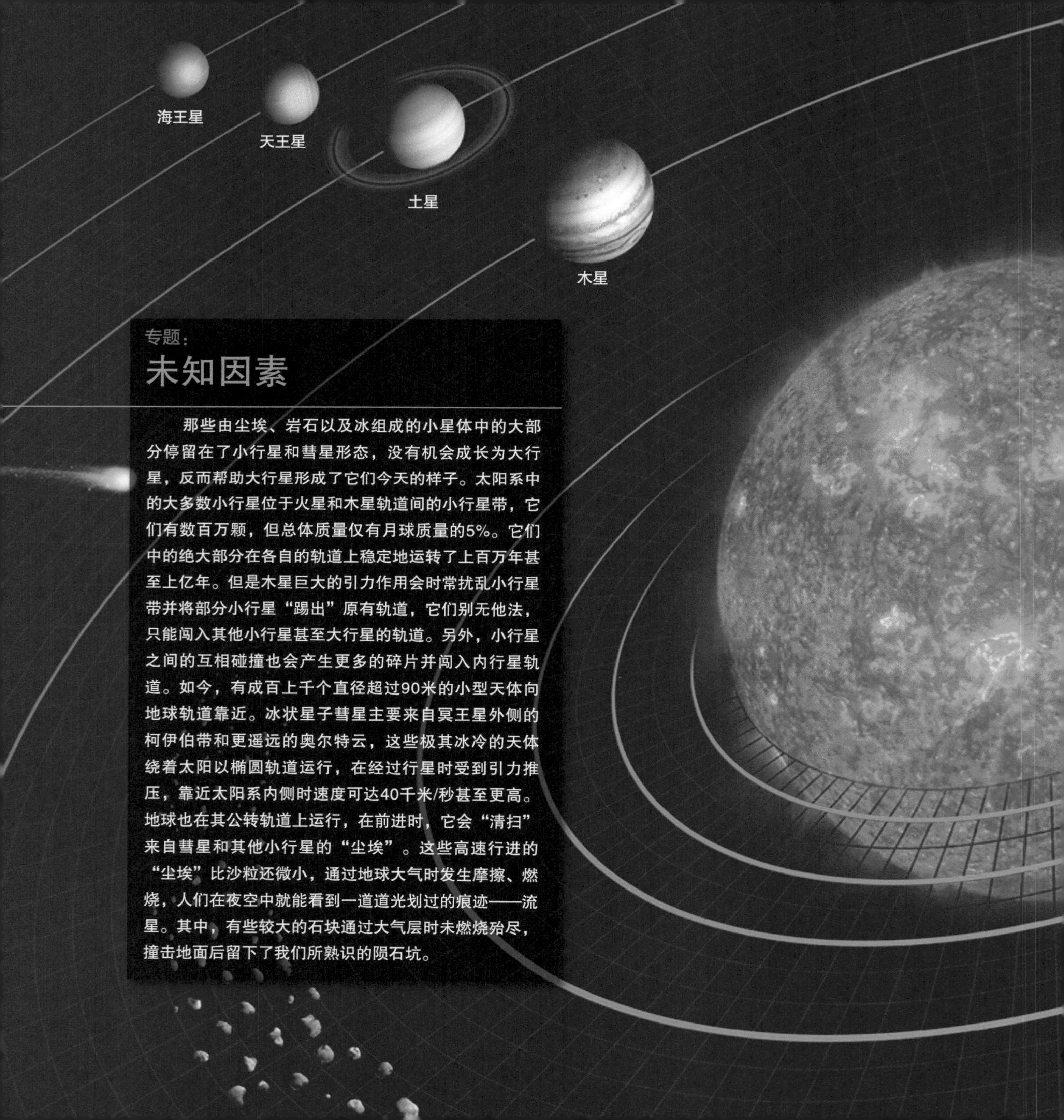

海王星

天王星

土星

木星

专题:

未知因素

　　那些由尘埃、岩石以及冰组成的小星体中的大部分停留在了小行星和彗星形态，没有机会成长为大行星，反而帮助大行星形成了它们今天的样子。太阳系中的大多数小行星位于火星和木星轨道间的小行星带，它们有数百万颗，但总体质量仅有月球质量的5%。它们中的绝大部分在各自的轨道上稳定地运转了上百万年甚至上亿年。但是木星巨大的引力作用会时常扰乱小行星带并将部分小行星"踢出"原有轨道，它们别无他法，只能闯入其他小行星甚至大行星的轨道。另外，小行星之间的互相碰撞也会产生更多的碎片并闯入内行星轨道。如今，有成百上千个直径超过90米的小型天体向地球轨道靠近。冰状星子彗星主要来自冥王星外侧的柯伊伯带和更遥远的奥尔特云，这些极其冰冷的天体绕着太阳以椭圆轨道运行，在经过行星时受到引力推压，靠近太阳系内侧时速度可达40千米/秒甚至更高。地球也在其公转轨道上运行，在前进时，它会"清扫"来自彗星和其他小行星的"尘埃"。这些高速行进的"尘埃"比沙粒还微小，通过地球大气时发生摩擦、燃烧，人们在夜空中就能看到一道道光划过的痕迹——流星。其中，有些较大的石块通过大气层时未燃烧殆尽，撞击地面后留下了我们所熟识的陨石坑。

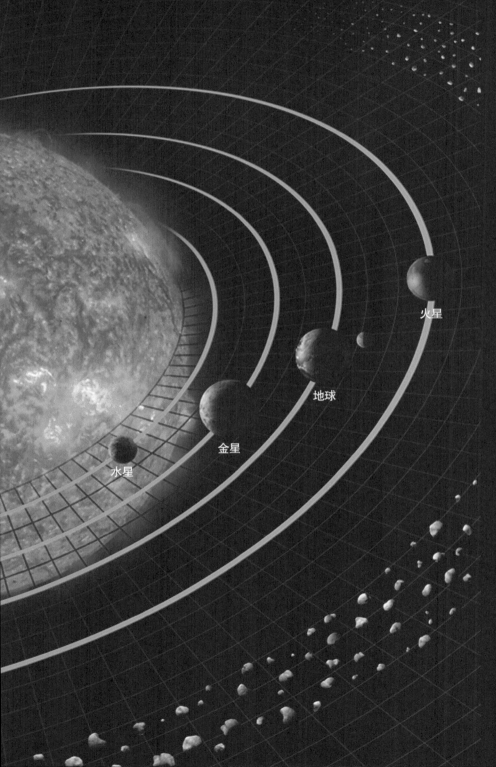

彗星

此图中显示了彗星 C/2001 Q4 的3个主要特征：彗核、环绕在四周的彗发以及呈明显气体状的彗尾。

流星

英仙座流星雨：每年当地球行至塔特尔彗星的彗尾范围内时，彗星的物质就会在地球大气中发生摩擦、燃烧，形成一年一度的流星雨。

小行星

小行星艾达243大约有56千米宽，它还拥有自己的卫星——艾卫。在这张由"伽利略号"探测器拍摄的照片中，艾卫如同一粒微小的灰尘（右侧）。

火星

地球

金星

水星

深度撞击

参见：小行星群中的生命：与灾难共存，第40页

小行星和流星撞击的灾难性后果决定了太阳系内侧的行星及其卫星的地貌。当一个天外来客以超过10千米/秒的速度撞向地球时，它的速度很难被地球大气层完全降下来。最终的撞击产生冲击波，瞬间将动能转化为巨大的热量，天外来客自身瞬间被蒸发掉。同时，冲击波也会熔化它周围的岩石，爆炸后产生急剧膨胀的火球，此后的减压波将撞击点的熔融金属和岩石碎片一层一层地剥离并抛出，最终形成了一个碗状空洞——陨石坑。

20世纪60年代，通过对亚利桑那陨石坑（又叫巴林杰陨石坑）的研究，人类首次深刻地了解了陨石坑形成的物理机制。在过去的40年间，关于月球、火星、金星及太阳系外层中的那些冰冷卫星上的陨石坑的研究成果也一直在帮助我们修正和优化陨石坑形成模型。这些模型可以预测高能撞击是如何影响行星地表的，甚至可以预测其对地球生物圈的影响。

当撞击物的直径超过1.6千米时，它造成的后果就远远不是留下一个陨石坑那样简单。撞击后飞散的部分碎片掉回了坑中，铺平了坑底，有些还会隆起形成中心锥。更剧烈的撞击会在撞击点周围形成

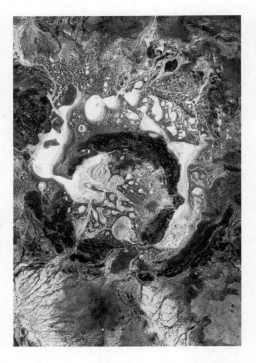

上亿年的侵蚀作用基本上抹平了澳大利亚西部舒梅克陨石坑的撞击痕迹，仅剩下不规则的布满褶皱的基岩以及在撞击后巨大的冲击波作用下形成的矿物质表明此处曾有大规模撞击发生。干涸的盐湖河床零散地环绕在被风侵蚀的浅洼地带的边缘。

一系列阶梯状的同心环形地貌，就像整块地壳受到挤压而层层堆叠起来了一样。早期，人们通过望远镜和空间探测器对月球上的此类复杂陨石坑进行了观测并开展了相关研究。

纵观整个太阳系，由于巨型小行星或彗星撞击而形成的此类地貌被称作撞击盆地。这些撞击能使数百千米范围内的地壳形成褶皱，将地壳碎片甩到几千千米以外。深层撞击会使地下深处的岩浆涌出，填平坑底，形成光滑的熔岩平原。其中我们最熟悉的例子是月球上的月海，但同样的撞击盆地在水星、火星以及木星和土星的那些巨大的冰冷卫星上也随处可见。通过对行星上的撞击痕迹的研究，我们可以在地球上寻找相似的证据。地质学家通过卫星图像和实地调查，在大陆架上发现了远古时期形成巨型撞击盆地的证据——地壳上最古老和最稳定的岩石群。

南非的弗里德堡陨石坑以及加拿大的萨德伯里陨石坑直径约320千米，可能形成于20亿年前。在远古时期，这些灾难性事件在全球范围内不时发生，将地球上为数不多的简单生命摧毁殆尽，重启生命演化的进程，进而重新引导生命的发展方向。

行星级伤痕 若与土卫一上的赫歇尔陨石坑（右侧小图）相比，地球上的大部分陨石坑都会黯然失色。土卫一是一个小型卫星，自身直径仅为391千米，而赫歇尔陨石坑的直径达130千米。一次超高速撞击形成了赫歇尔陨石坑，差一点就粉碎了土卫一本身。坑缘高达5千米，位于中心的山峰高出坑底6千米。地球上最大的验证陨石坑是位于南非的弗里德堡（背景大图），直径约320千米，在20亿年以前由一个约10千米宽的天体轰击而成。

加拿大魁北克，清水湖

亚利桑那州，巴林杰
陨石坑

玻利维亚，
伊图拉尔德陨石坑

地球侵略者

　　马尼夸根、戈斯峭壁、巴林杰、清水湖、奥隆加，这些陨石坑的名字对于空间站上的宇航员来说既熟悉又陌生。这些古老的外来天体撞击的痕迹如同麻子般散落在了地球表面上。地质学家在全球范围内发现了约180处撞击痕迹，其中部分缘于野外调查，部分发现自石油勘探，绝大多数依靠空间轨道卫星拍摄的图像来确定。通过研究地球上那些比较年轻的陨石坑（比如巴林杰陨石坑），我们掌握了陨石坑形成的基本过程，此后我们才能解释撞击过程在太阳系内层行星和外层行星的那些冰冷卫星上是如何发生作用的。研究其他星球上撞击发生的时间以及频率，反过来也有助于我们了解地球早期的历史，看看这些灾难性事件如何影响地球上生命的演化进程。

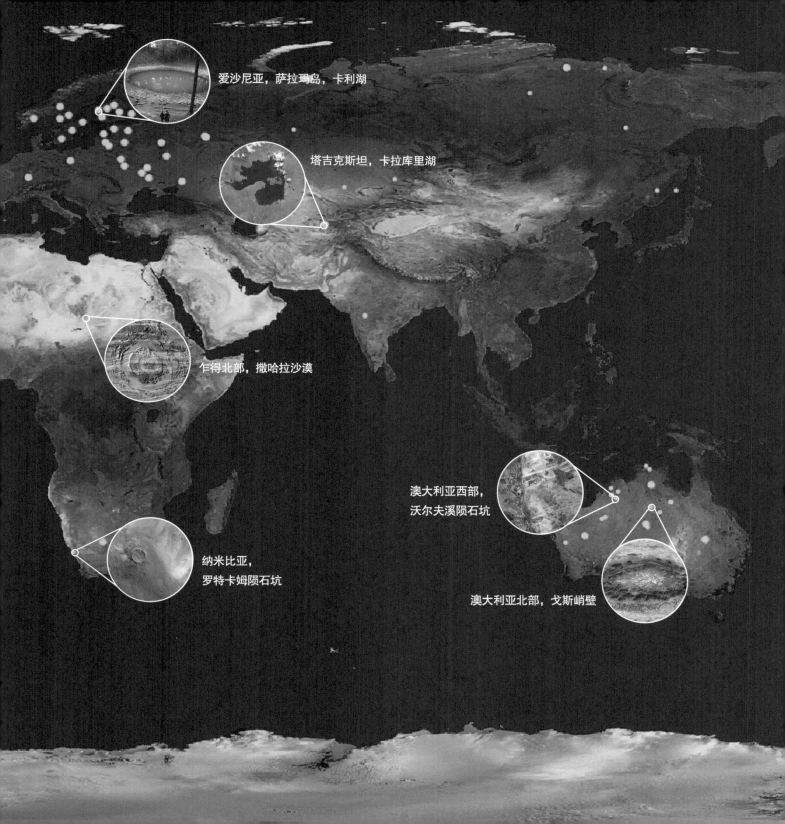

爱沙尼亚，萨拉玛岛，卡利湖

塔吉克斯坦，卡拉库里湖

乍得北部，撒哈拉沙漠

澳大利亚西部，
沃尔夫溪陨石坑

纳米比亚，
罗特卡姆陨石坑

澳大利亚北部，戈斯峭壁

飞越太阳系

参见：连锁反应：遥远的珊瑚礁，第42页

从1609年伽利略将天文望远镜对准月球起，天文学家们就看到了月球上无数的环形山，只是对于研究环形山的成因毫无头绪，争论了几个世纪。当时有些地质学家猜测火山喷发形成了环形山，但也有一些人推测可能是某些在漆黑的夜晚经常能看到的流星的"兄弟"撞击月球形成的环形山。直到20世纪60年代，地质学家、天文学家尤金·舒梅克在勘探完位于亚利桑那州的巴林杰陨石坑后，才发现了源自撞击的地质证据，从而得出了结论。巴林杰陨石坑是由一颗直径为45米左右的小行星的碎片撞击而形成的，撞击引发了相当于2000万吨级别的爆炸。巴林杰陨石坑可能是地球上最为著名的撞击地形，原因在于它相当年轻，只有5万年的历史，而且它所处的荒漠也有助于保存其相对完整的轮廓。美国国家航空航天局的月球探索项目揭示了大部分月球环形山同样由星际撞击形成，更深入的研究成果帮助地质学家们在地球

土卫八的直径约为1500千米，是土星的众多卫星中最神秘莫测的一颗。它的一侧被乌黑的富碳物质覆盖，而另一侧被冰水混合物覆盖的外壳则洁白明亮。早期星际物质撞击在它的表面同样留下了巨大的疤痕，图中一个直径450千米的陨石坑的右侧与另一个更古老的陨石坑重叠。

行星世界：探索太阳系的秘密

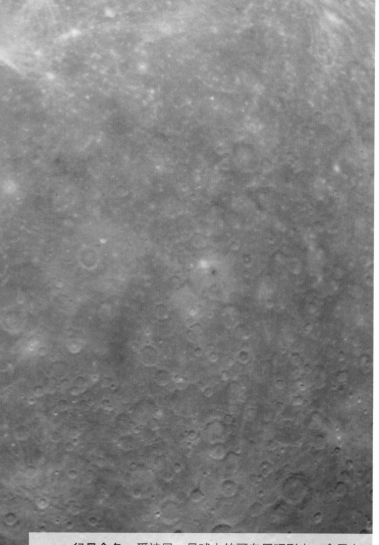

1972年4月，"阿波罗16号"飞船的宇航员查尔斯·M.杜克在月球上的普拉姆陨石坑边缘采集了撞击残骸碎片。

行星命名 爱神星、月球上的哥白尼环形山、金星上的马特山，这些名字从何而来？国际天文学联合会从1919年开始主导行星命名工作。当发现某颗行星的特征时，负责命名的科学家们就聚在一起，提出候选名字，并且保证它们符合这颗星球的命名规则。月球（背景大图）上的大型环形山以已故科学家、艺术家和学者的名字命名，而小型环形山以地球上人口少于10万人的城镇命名；到了金星上则都以女性的名字命名，如环形山都以已故的著名女性人物的名字命名。为了避免争议，在给行星命名时，不会使用在世人物的名字。

上辨别出了更多的撞击结构特征。如今，地球上散落着大约180个陨石坑。

科学家们测绘月球环形山的分布，并测量"阿波罗号"宇航员带回的岩石样本的年龄，通过比对可以确定撞击发生的时间范围。此项研究成果表明太阳系内侧天体（水星、金星、地球、月球、火星），甚至木星的卫星在太阳系形成初期的5亿年间，遭受了大量星际天体的撞击。这场撞击大约结束于39亿年前，留给这些行星及其卫星的是无数的伤疤。在月球南部的高地，环形山层层叠叠，以至于原来的撞击痕迹消失殆尽。在对月球的撞击中最猛烈的一次造就了跨度达上千千米的多环盆地，月球地壳被撕裂后涌出的岩浆覆盖了整个盆地。而地球上活跃的板块运动和侵蚀作用在随后的漫长岁月中将大多数撞击痕迹都抹去了。

制造月球

月球的形成可能要追溯到40余亿年前的一次撞击，一颗火星大小的小行星闯入了地球轨道。巨大的撞击力量粉碎并熔化了地球外层地壳，超高温的水蒸气和熔融的岩浆冲天而起，撞击的威力下探地心，上达苍穹。撞击产生的碎片冷却后开始环绕地球运动，最终逐渐聚合成月球。而对"阿波罗号"宇航员带回的月球岩石样本进行分析的结果也支持这一结论。月球形成后遭到了太阳系形成初期弥漫在整个空间中的无数小行星如同暴雨般的轰炸，而同样的情况也发生在地球上。

月球的外壳一旦冷却就会凝固，新生的岩石上保留了大轰炸的痕迹，它在某种意义上也是一种固体"录音机"。月球上的环形山是一位沉默的证人，默默地记录并告诉今天的人类它那遥远而又充满暴力的过往。

美国国家航空航天局派出行星探测器，在太阳系内侧行星和它们的卫星上，搜寻大轰炸时期留下的各种证据。它们可以告诉我们，在太阳系形成早期有多少小行星和彗星在空间中穿行。在月球比较年轻的区域，我们发现小型环形山的分布与实际撞击情况相符。正是根据散落在太阳系中各颗行星上的环形山，人类才能推测出在地球形成最初的几亿年间持续发生了多少次撞击，并且可以用地球上的陨石坑数据与之进行对比验证。

在撞击残骸形成原初月球后，月球开始了分层运动，相对较重的物质沉入内部形成月核与月幔，而相对较轻的物质形成了最外层的月壳。阿罗波登月计划的宇航员带回了相当数量的月球岩石样本，使得我们可以分析月壳的化学组成，但对于月球内部的成分，我们仍知之甚少。月球内部岩石中隐藏着当年那场月地大撞击的线索，

能够提供撞向地球的天体的化学组成。我们很可能会在月球南极的艾特肯撞击盆地中找到这种岩石样本，这也是下一次月球探测的目标地区。

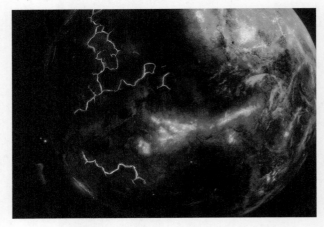

艺术家描绘了火星大小的天体撞向地球的瞬间（对页图）以及正在冷却成形的月球（上图）。撞击产生的热量让月球的表面成了熔岩海洋（下图）。而当月表冷却后，接下来的撞击开始在月表留下痕迹，其中一些被岩浆淹没，成为今天大家所熟知的月海。

重回月球 美国国家航空航天局至今仍想利用载人或非载人的方式重返月球。即使阿波罗登月计划已经揭示了月球形成的秘密，但仍有不少疑问留给我们去探索，比如关于月地大撞击的更多细节。地球上早期大轰炸的痕迹已经消失殆尽，但这段历史也确实影响了地球演化的进程，所以它极其重要。通过对月球大型环形山年龄的推定，我们能够确定早期太阳系的撞击频率，以此修正、完善太阳系的撞击理论。

小行星群中的生命：与灾难共存

我们生活的这颗星球的公转轨道会穿过一群小行星。这群小行星中直径超过36米的个体就足以穿过地球大气层，在地表引发一场爆炸并留下一个陨石坑。每500年到1000年就会发生一场与1908年西伯利亚通古斯大爆炸量级相当的天体撞击，量级可达百万吨级。一颗直径45米左右的小行星足以在地表引发一次100万吨级的爆炸，大约相当于60枚投到广岛的原子弹的爆炸当量。爆炸产生的冲击波和热量可以瞬间烧毁2000平方千米的森林，留下的仅仅是广袤的无人区域上无数燃烧的火焰。

美国国家航空航天局经过估算得出，约有100万个近地天体的直径超过45米（如上文所说，它们足以穿过大气层），但更具威胁的是那些直径大于1千米的个体，大约有1100个，幸运的是没有一个是冲向地球的。因为宇宙太大，而地球又那么渺小，人在一生中死于陨石撞击的可能性只有四万分之一，这和飞机失事的概率相同。天文学家正在尽力扩大搜寻范围，以进一步降低风险。我们可以发现小行星并评估它们的危险程度，但仍缺乏有效手段让其偏离原来的行进方向。面对这样的威胁，如何应对将是一个全球性的难题，并且无人知晓留给人类的时间还有多少。

近地小行星系川（上图）的长度约为800米。2005年日本发送小行星探测器"隼鸟号"对其进行了探测。系川小行星看上去是由"碎石"堆砌而成的，其他天体相互碰撞后产生的碎片形成了系川小行星。它表面的重力只有地球上的一千万分之一。

近地小行星			
小行星	预测撞击时间（年）	大小（米）	撞击概率
阿波菲斯99942	2036	250	一百万分之二十二
2008 AP4	2089—2100	390	一百万分之四十
1994 WR12	2054—2102	40	万分之一
2007 VK184	2048—2057	130	万分之三点四
2000 SG344	2068—2101	110	千分之十八

何谓流星雨

　　每天，地球会扫过55~110吨宇宙尘埃，其中大部分是被称作微流星的极小粒子。它们来自小行星间的撞击，或者是被太阳的热量融化的彗星冰晶和尘埃，通常比本书中的句号还小。这些比沙粒还小的粒子以12~65千米/秒的速度进入地球大气层，大气分子的摩擦使它们迅速达到白热状态。它们中的大多数在离地表80千米的高空汽化，形成人类可以看到的流星。一年之中有那么几次，地球会扫过一些彗星的彗尾，这时天空中会出现更多更亮的流星，平均每小时有60~100颗甚至更多的流星划过，我们称其为流星雨。流星雨以其发生位置所在的星座命名，常见的有英仙座流星雨、狮子座流星雨和双子座流星雨。当各地因地球自转逐渐进入夜晚时，人们无不被流星雨划过夜空的景象深深吸引。

连锁反应：遥远的崩塌

参见：深度撞击，第32页

我们无须想象一场宇宙级撞击是怎样的。1994年，人类有幸坐在贵宾席观赏了一场无与伦比的宇宙级撞击——"舒梅克-列维9号"彗星撞上了木星。1993年3月，天文学家尤金·舒梅克和卡罗琳·舒梅克夫妇以及戴维·列维共同发现了"舒梅克-列维9号"彗星。由于1992年该彗星途经木星附近时离它太近，因此受到其强大的潮汐引力作用而分裂成20多个碎片，在太空中如同珍珠项链一般熠熠生辉。1994年7月16日至22日，这些直径最大可达2千米的碎片陆续砸向了木星的带状上层大气。第一个碎片产生的能量相当于2250亿吨TNT的爆炸当量，撞击羽流高达1000千米。随后的撞击产生了一系列巨大的火球和蒸汽羽流，在木星的大气云层上留下

了地球大小的烟灰色环状印记，持续了数周久久未散。木卫四与木卫三的图像显示它们上面也有呈直线排列的环形山，这就说明了类似的彗星撞击在整个太阳系中普遍存在。人类派出的非载人行星探测器传回的信息比地球上的任何证据都更能直接地揭示我们生活的太阳系其实是一个射击场。

1993年，哈勃空间望远镜拍下了散裂的"舒梅克-列维9号"彗星（对页上图）。照片中的彗星碎片形成了一条璀璨的"珍珠串"，长达几千米。此后彗星碎片坠入木星大气层，向人们展示了彗星撞击的巨大威力及其在行星形成过程中的重要作用。

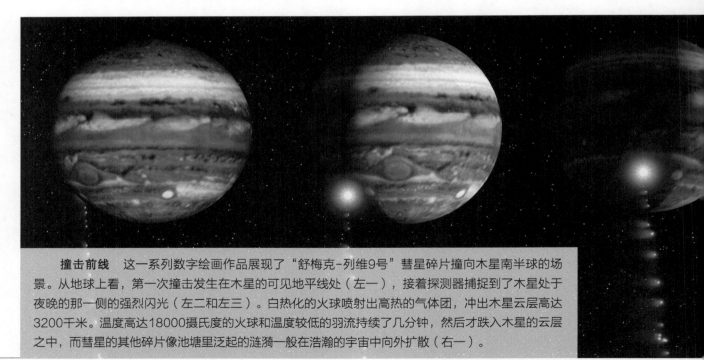

撞击前线　这一系列数字绘画作品展现了"舒梅克-列维9号"彗星碎片撞向木星南半球的场景。从地球上看，第一次撞击发生在木星的可见地平线处（左一），接着探测器捕捉到了木星处于夜晚的那一侧的强烈闪光（左二和左三）。白热化的火球喷射出高热的气体团，冲出木星云层高达3200千米。温度高达18000摄氏度的火球和温度较低的羽流持续了几分钟，然后才跌入木星的云层之中，而彗星的其他碎片像池塘里泛起的涟漪一般在浩瀚的宇宙中向外扩散（右一）。

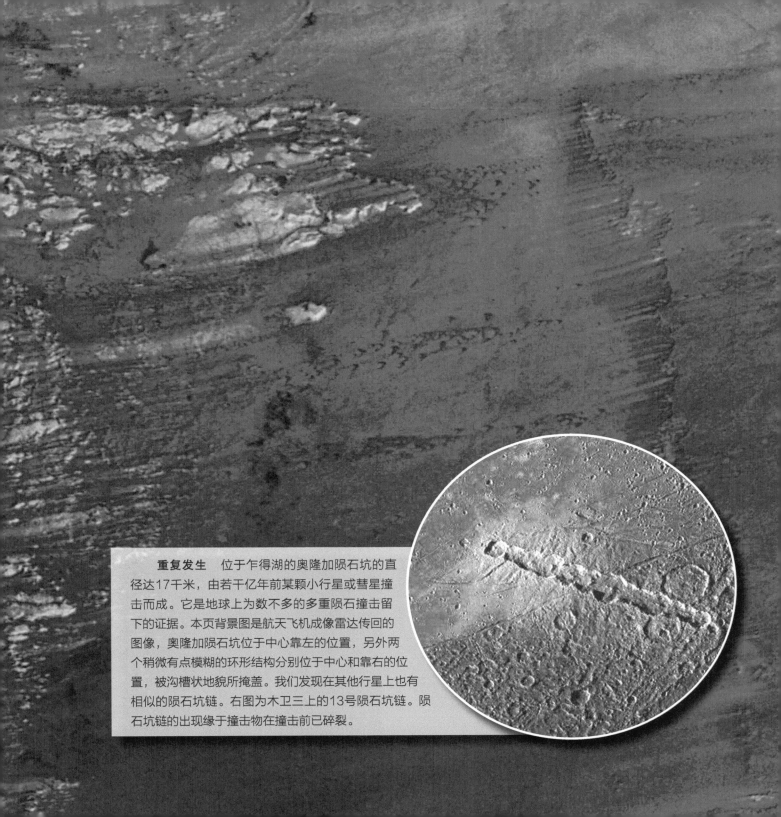

重复发生 位于乍得湖的奥隆加陨石坑的直径达17千米，由若干亿年前某颗小行星或彗星撞击而成。它是地球上为数不多的多重陨石撞击留下的证据。本页背景图是航天飞机成像雷达传回的图像，奥隆加陨石坑位于中心靠左的位置，另外两个稍微有点模糊的环形结构分别位于中心和靠右的位置，被沟槽状地貌所掩盖。我们发现在其他行星上也有相似的陨石坑链。右图为木卫三上的13号陨石坑链。陨石坑链的出现缘于撞击物在撞击前已碎裂。

灾难级撞击：希克苏鲁伯之谜

参见：地球侵略者，第34页

如果要论地球上造成后果最严重的陨石坑，恐怕非墨西哥的希克苏鲁伯陨石坑莫属。它位于墨西哥尤卡坦半岛的西北角，直径近180千米，是一个多环状盆地。如今希克苏鲁伯陨石坑的地表部分已经不可见，但它的出现彻底影响了地球上生命演化的进程。1980年，地质学家路易斯和阿尔瓦雷斯带领团队在一处6500万年前的沉积岩层中发现了超量的稀有元素铱。这层薄薄的黏土在地球地质史中意味着白垩纪的结束和第三纪的开始，也被称作"K/T界线"。铱元素在地壳中是非常稀少的元素，而在陨石和小行星中的含量丰富。此后在全球80余处K/T界线的岩层中人们均发现铱元素含量丰富，这些都支持阿尔瓦雷斯的推论——一次小行星或彗星的撞击影响了整个地球。

地质学家注意到了墨西哥湾附近6500万年前形成的杂乱的沉积岩床，它与在海地发现的玻璃陨石沉积物匹配，而到了K/T界线沉积岩床消失了。他们在对尤卡坦地表进行重力测量时发现了环状排列的弧形结构。对墨西哥国家石油公司钻井勘探时带出的岩芯进行检测后，地质学家最终确认了曾经在希

克苏鲁伯发生过一次撞击。这个陨石坑可以说是人类目前找到的最有力的证据，它与地球历史上最大的物种灭绝事件有关。

希克苏鲁伯陨石坑如今被埋藏在大约800米深的海底石灰岩之下，但当时它造成的灾难是毋庸置疑的。它的塌陷的中央坑底、已被掩埋的坑缘以及外缘的环形山，都符合在月球、水星以及火星上发现的星际撞击的特征。6500万年前在尤卡坦发生过的事件，在太阳系历史上已经重复过千万遍。一颗直径大约10千米的小行星或者彗星以超高的宇宙速度撞击了尤卡坦的浅海区域，引发的巨大海啸吞没了几十千米的沿海地带。一个温度极高的火球点燃了整个浅海区域，杀死了方圆几百千米内的所有地表生物，并且向大气层中抛撒了几百万吨灰尘。黑暗笼罩了全球，植被大量死亡。撞击产生的水蒸气与二氧化碳使整个地球的温度升高了11摄氏度，随后一场规模浩大的酸雨污染了整个上层海洋。世界各地的森林都在燃烧，烟尘弥漫全球。在这场世界范围的灾难当中，约80%的物种消失了，仅有少数物种存活下来，其中包括我们人类的祖先——那些最早的哺乳动物。

地表的伤痕提醒人类，灾难性撞击事件在今时今日仍有可能发生（但我们也要相信，随着空间技术的发展，人类有可能预防灾难的发生）。虽然从地球轨道上看这些伤痕并不明显，但是对于一个细心的宇航员来说仍不会忽视，地球内部发生的大爆炸有时可以与希克苏鲁伯这种宇宙大撞击相匹敌。

恐龙（左图为恶龙）曾经称霸地球生物圈达1.85亿年，但很可能由于希克苏鲁伯撞击造成的灾难性生态影响（全球性火灾、令生物窒息的灰尘以及最终的全球变冷）而灭绝。

消失的陨石坑 如今希克苏鲁伯陨石坑埋藏在尤卡坦半岛和相邻海床的石灰岩层之下，最早的多环状撞击盆地特征早已被侵蚀，或被海底沉积物掩盖，消失在了人类的视野中。石灰岩中弯曲的裂缝可以过滤海水形成淡水，也称为天然井。人们现在发现这些天然井的位置与曾经的陨石坑边缘一致。在巴西北部的热带稀树草原的植被之下，也隐藏着一个远古的陨石坑（右图）——地质学家估计在大约2.2亿年前，一次小行星撞击形成了坎加利亚陨石坑。

熔岩流：火毯

参见：燃烧的山谷，第120页

熔岩流是连续流动的熔化岩石，它的定期喷发与流动能够覆盖一大片区域。位于太平洋西北部的哥伦比亚溢流玄武岩就是熔岩流的残留物，占地16万平方千米，不断流出的岩浆层层叠叠，最后形成了3千米深的玄武岩层！哥伦比亚玄武岩群的体积达到17.5万立方千米。而另一处熔岩流——格兰德龙德熔岩流持续喷发了近100万年，只需要其中的85%就足以让整个美国大陆覆盖上12米厚的黑色熔岩。人类历史上至今还没有哪一座火山的喷发速度能够超过格兰德龙德熔岩流。

哥伦比亚玄武岩被称为溢流玄武岩（除了流体，还包含上层地幔物质），第一次喷发大约开始于1600万年前，最后一次活动约在600万年前。数十亿年前同样的熔岩流也在月球上蔓延，深色的玄武岩如今填满了整个月海。溢流玄武岩通常在所有类地行星和卫星（包括木卫一）上都有发现。地球上其他著名的溢流玄武岩包括冰岛的洛基熔岩流、印度的德干玄武岩以及诺里尔斯克附近的西伯利亚玄武岩。

位于华盛顿州的哥伦比亚峡谷横贯哥伦比亚玄武岩厚厚的岩层，伫立此地已有千万年。熔岩慢慢冷却结晶，最终成为一列列蜂窝结构的火山岩。

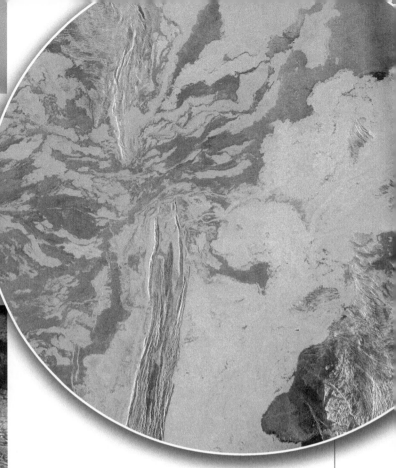

玄武岩溢流 玄武岩是一种黑色火山岩，在地球（图中为夏威夷的基拉韦厄火山）、火星、金星、月球、水星，甚至小行星灶神星上都有发现。玄武岩富含铁和镁，但不同地方的玄武岩化学成分各不相同，这取决于当地的岩浆成分。反过来，根据玄武岩的化学成分，我们也可以推断出某行星内部岩石的成分，因为它们熔化成了岩浆。玄武岩浆最后的形态有很多种，取决于它们的喷射方式（是水下喷发还是地表下喷发）、喷发速率以及岩浆的化学成分和含水量。比如，厚重的哥伦比亚溢流玄武岩最终冷却成六方柱状节理。

金星的拉达地区（上图）坐落于南半球，有一片和哥伦比亚玄武岩相似的同样巨大的熔岩流。两者的喷发强度远大于基拉韦厄火山（左侧大图）。

溢流玄武岩的形成是地球历史上最大的火山事件；作为比较，圣海伦斯火山在1980年喷发时，大约只喷发了1.4立方千米的火山灰与岩浆。而德干玄武岩形成于6500万到6000万年前，可能产生了过多的火山气体，从而造成了严重的环境变化，最终导致恐龙灭绝。而在2.51亿年前的二叠纪末期，西伯利亚熔岩流的喷发导致了另一次大规模的物种灭绝事件，约90%的物种在此次灾难中彻底消失了。

熔岩

　　作为一名行星学家，我的大部分时间用来查看那些遥远星球表面的照片，试图搞明白火山是如何形成的，以及解释一个复杂地表的地质成因。所以，我的工作中最让人兴奋的部分是近距离实地考察一座火山。我曾考察过西西里岛的埃特纳火山和夏威夷的基拉韦厄火山，去过冰岛，也考察过加利福尼亚州和俄勒冈州的众多火山口。考察这些地方（包括图中位于冰岛的洛基裂隙，在943年和1783—1784年喷发）对于火山喷发理论的研究是非常重要的。此外，它们都是人间仙境，景色美不胜收。在野外工作中，我大部分时间行走在数十年甚至千百年前喷发的熔岩流上，但也有像在夏威夷研究"新鲜出炉"的岩浆那样的经历。流动的熔岩让人非常激动——特别是它们"热情似火"！我们的研究重心是熔岩流冷却后的形态和构成。当岩浆喷发时，在缓慢流动的过程中，岩浆的表面（或称作外壳）逐渐冷却，内部却仍呈火热的液态。这层外壳可以记录下丰富的细节（包括岩浆质地的变化、鼓起的隆包等），能告诉我们在其逐渐冷却的外壳之下岩浆是如何流动的，以及岩浆喷发和流动的速率。地球上的大型熔岩流区域历史悠久，已被严重侵蚀，目前科学家们对于它们当时的喷发速率仍未达成共识。如今我们在地球上搜寻、观察年轻的熔岩流，通常它们保留了更完好的表面特征，我们可以实时观察它们冷却后的结构特征，再与其他行星上未被侵蚀的溢流玄武岩对比，从而了解这些远古的大型喷发活动是如何在地球上发生的。

　　　　　　　　　　　　　　　　——艾伦·斯托芬

危险的工作 照片中我和女儿萨拉碰触的石块其实是一枚火山炸弹，在我们来到此地前几天，它刚刚从埃特纳火山最近的一次喷发中被抛射出来。这次，我以游客的身份带领我的家人游览我最喜欢的这座火山，我们看到了白雪皑皑的埃特纳火山顶刚刚涌出的岩浆。这样的石块可能会击中任何过于靠近喷发中的火山口的人并导致他们受伤。

超级火山

参见: 太阳系中的大型火山, 第86页

还有一种可怕的自然灾害, 即超级火山喷发。幸运的是这种灾害发生的概率很小。超级火山喷发一次可以释放出巨大的能量, 量级完全超出人类的想象。那些超级火山曾经喷发出上百米厚的火山灰, 然后在日本、新西兰、美国西部以及印度尼西亚形成了巨大的火成矿床, 绵延数千平方千米。举例来说, 加利福尼亚州的长谷火山在大约70万年前喷发出至少580立方千米的岩浆, 其中约50立方千米变成火山灰飘落在四处: 从火山口到内华达山脉中部, 火山灰 (如今称作毕夏普凝灰岩) 一直飘落到了堪萨斯州东部以及内布拉斯加州, 厚度达10米。

在太阳系中, 人们在火星和木卫一上也发现了超级火山。研究这些超级火山可以帮助人类了解如何应对地球上的火山群, 如位于美国黄石国家公园的超级火山以及位于印度尼西亚多巴湖的多巴火山。它们所处的位置是地球上的热点区域, 岩浆从地幔处一直向上涌出, 它们在将来的某一天一定会再次喷发。而我们需要做的就是用尽每一分智慧和力量, 让人类得以从这样的大灾难中生存下来。

溢流玄武岩	
位置	面积
印度德干高原	52万平方千米
巴西巴拉那盆地	120万平方千米
南非卡鲁	14万平方千米
西伯利亚高原	150万平方千米
美国华盛顿州哥伦比亚峡谷	16.4万平方千米

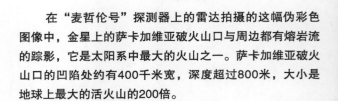

在"麦哲伦号"探测器上的雷达拍摄的这幅伪彩色图像中, 金星上的萨卡加维亚破火山口与周边都有熔岩流的踪影, 它是太阳系中最大的火山之一。萨卡加维亚破火山口的凹陷处约有400千米宽, 深度超过800米, 大小是地球上最大的活火山的200倍。

沉睡的巨人 黄石国家公园的间歇泉地带是一个超级火山，在过去的200万年间多次喷发，现在仍充满活力。在距今16万年至7万年间，这座超级火山发生了20余次大型喷发。但和64万年前的那次喷发相比，它们都是小巫见大巫。64万年前的那次灾难性喷发共喷出了约1000立方千米岩浆，火山灰笼罩了整个美国中部。今天，地质学家一直在密切观测着它的活动情况。

预防宇宙灾难

参见：小行星群中的生命：与灾难共存，第40页

在漫长的46亿年历史里，地球被小行星和彗星轰炸过成千上万次。在将来的某一天，我们将再次面临外来天体的撞击。如果撞击的小行星的直径大于800米，那么它引发的爆炸将掀起巨量的灰尘，遮天蔽日，持续一年甚至更久，农作物将无法生长，人类文明可能崩溃。为了应对这样的威胁，美国国家航空航天局发起了一项名为"太空卫士"的观测项目，在2008年前专门负责搜寻和监视近地天体中直径大于1千米的那部分天体。

"太空卫士"项目共搜寻到了800个直径大于1千米的天体，估计总共约有1100个。幸运的是，没有一个处于撞击弹道上。研究人员利用全美的望远镜，在夏威夷、亚利桑那州、新墨西哥州和加利福尼亚州全天搜寻那些移动的小光点，它们很可能就是新发现的小行星或彗星。科学家们再根据观测结果计算它们的轨道，评估它们是否对地球构成威胁。

近地天体中比这些"文明杀手"个子小的那部分在进入地球大气层之后会因摩擦受热而汽化，而这个直径的下限约为50米。1908年，西伯利亚通古斯上空出现了一颗明亮的流星，随后爆炸声响彻整个通古斯上空。爆炸夷平了方圆2000平方千米土地上的森林。如果撞击不幸发生在城市，那么整座城市都将被毁灭殆尽。美国国会令美国国家航空航天局进一步搜寻近地天体中直径大于140米的小行星，原计划在2020年之前锁定其中的90%。地外游荡着约10万个近地天体，而人类仅仅掌握了其中一小部分的信息。所以，我们要继续寻找，制订周密的计划，确保不会有"大个子"成为漏网之鱼而威胁地球。

美国国家航空航天局利用像69.5米口径金石雷达（左图）这样的射电望远镜来搜寻近地轨道上的天体，同时测算它们的形状与体积。金石雷达和波多黎各的阿雷西博射电望远镜（口径更大）是此项目的主力军。

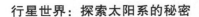

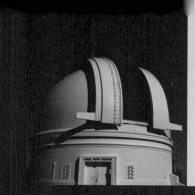

凝视深空　小行星433（即爱神星）的大小和曼哈顿地区相当，它的公转轨道位于地球和火星之间。在2000年和2001年，美国国家航空航天局的近地小行星探测器"会合－舒梅克号"曾两次进入它的轨道并降落在它的表面上。在距离其200千米处，探测器拍下了爱神星不为人知的一面。从这个角度可以看到在香蕉状的小行星顶部有一个直径大约5.3千米的陨石坑，照片中模糊的陨石坑边缘凸起一路向南蜿蜒，直到图片下方的中央鞍部。经过评估，爱神星对地球没有威胁。左图中是位于加利福尼亚州帕洛马山天文台的塞缪尔·奥辛望远镜，口径为1.2米，它也在美国国家航空航天局的"太空卫士"项目中发挥着重要作用。科学家们动用一切可能的手段去搜寻其他可能"犯事"的小行星。

第 3 章
不断变化的行星表面

强烈的地震威力巨大，道路被撕裂，房屋被掀翻。图片展示了阿拉斯加州的安克拉治（又译作安克雷奇）市在一次地震之后的景象，人们看着被地震损毁的房屋与道路。

大陆、地壳与碰撞

数十亿年以来，地球表面的变化都是由板块构造运动引起的。在数亿年前，地球上的大陆曾聚在一起，形成了一块超级大陆，科学家称其为盘古大陆，而它的周围是汪洋大海。在大约2.3亿年前，盘古大陆发生了分裂。随后在地球内部物质对流的作用下，分开的大陆板块开始漂移，逐渐形成了今日的大陆板块分布状况。最开始科学家们发现一些大陆的边缘如同拼图一样能够相互契合，于是提出了大陆漂移假说。在20世纪60年代，大陆漂移假说被完善为板块构造理论。

我们知道今日大陆的形态仍在发生着变化。这种变化的最前线位于地球的断层带，那里聚集着整个地球上最剧烈的地质活动。各板块的边缘处都是断层带和火山聚集的地方，而因为板块仍在运动中，全球每天都会发生很多地震。

来自地球内部的热量是这些地质活动的原因。这些热量来自放射性元素钾、铀及钍的衰变。这些衰变也造成了地幔密度不均匀，因为温度较高的岩石会变得较轻。受热的岩石如同塑料一般柔软，开始缓慢地移动。密度差异驱动着地球内部物质发生对流，靠近地核温度较高、密度较低的物质不断地向表面运动，冷却后开始下沉。这种对流活动出现在整个地球范围内，被认为是板块构造的成因。

地球上大陆的形状与分布一直在发生着不为人感知的变化。上图为盘古大陆的示意图，右侧的3幅图表现了它发生分裂的3个阶段。其中，最右侧的图预示着在将来的某个时刻，非洲大陆将沿着东非大裂谷再次发生分裂。

20亿年前
很可能由于火山活动，大气层中积累了足够的氧气，从而引发了地球生命的大爆发。

2.25亿年前
多个大陆板块碰撞后形成了超级大陆——盘古大陆。

6500万年前
一块陨石猛烈地撞击地球，留下了希克苏鲁伯陨石坑遗迹，并直接导致了地球霸主恐龙的灭绝。

5000万年前
原本位于太平洋南部约6400千米处的印度板块与欧亚板块发生碰撞，从而形成了喜马拉雅山脉。

地球上的板块构成了刚性岩石圈，岩石圈呈壳状，位于软流圈的上方，而软流圈呈半熔化状态，可以缓慢流动。

地表一直在不断地运动，板块之间的相互运动主要有3种方式。在海底的大洋中脊，板块分离，熔岩涌出形成新的地壳。当板块发生碰撞时，一个板块滑入另一个板块之下深入地球内层，此过程称为板块俯冲。许多大陆边界均为板块俯冲地带，比如在日本附近，太平洋板块向下潜入欧亚板块的下方。俯冲作用不断地"回收"年代较久远的地壳，它也被认为是维持板块运动的最重要的因素。另外，板块之间也可以只发生相互错动，这种运动会产生巨大的断层以及危险的地震带，比如位于北美板块与太平洋板块交界处的圣安地列斯断层。当两个大陆板块相互碰撞时，由于大陆板块通常太轻而无法下沉，因此两个板块会相互挤压形成山脉。比如，印度板块和欧亚板块碰撞，形成喜马拉雅山脉；非洲板块与欧亚板块碰撞，形成阿尔卑斯山脉。

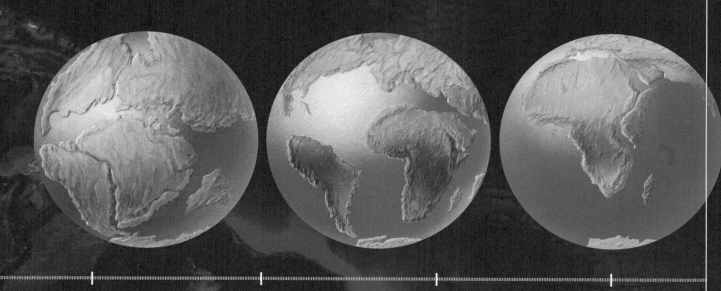

500万年前
科罗拉多河劈开了正逐渐升起的科罗拉多高原，形成了著名的大峡谷。

公元前1500年
古希腊的锡拉岛（即今日的圣托里尼岛）发生了一次火山喷发，在遥远的以色列和埃及都发现了它喷出的火山灰以及火山石痕迹。

公元1883年
印度尼西亚的喀拉喀托火山喷发，火山灰散播到了16千米以外，远在3500千米外的澳大利亚都能听到火山喷发时发出的轰隆声。

公元2008年
中国四川发生了一场大地震，数万人在地震中丧生，大量建筑被摧毁。

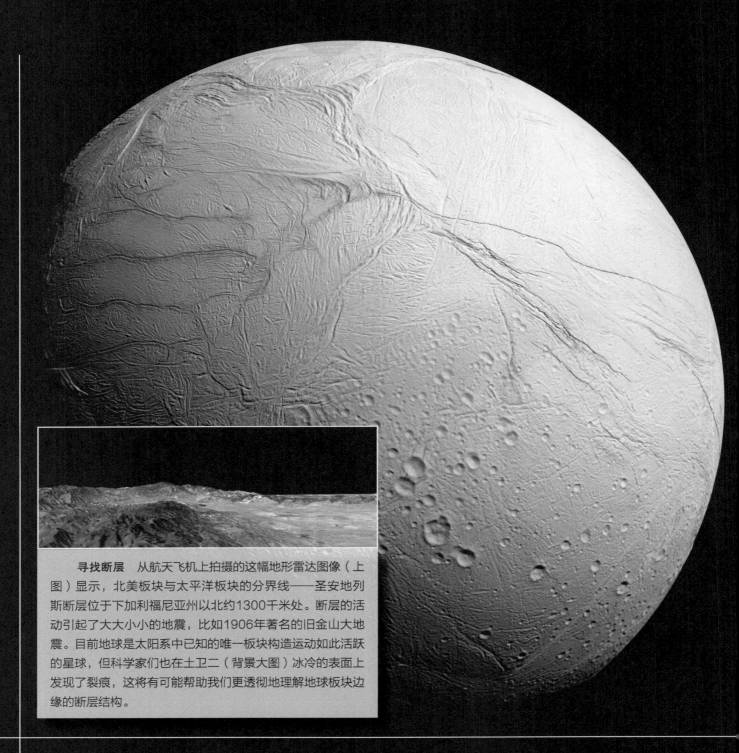

寻找断层 从航天飞机上拍摄的这幅地形雷达图像（上图）显示，北美板块与太平洋板块的分界线——圣安地列斯断层位于下加利福尼亚州以北约1300千米处。断层的活动引起了大大小小的地震，比如1906年著名的旧金山大地震。目前地球是太阳系中已知的唯一板块构造运动如此活跃的星球，但科学家们也在土卫二（背景大图）冰冷的表面上发现了裂痕，这将有可能帮助我们更透彻地理解地球板块边缘的断层结构。

板块构造的外在表现是连绵的山脉、火山链以及长长的走滑断层，它们也是板块边界的划分依据。地震在板块边界处多发，但时至今日人们还无法在任何行星（不同于卫星）表面上部署可以让我们测绘地震震中的地震台网。另外，我们还可以通过测绘地壳的磁化模式来确定板块构造的结构。

但出人意料的是，科学家们至今还无法在太阳系中的其他行星上发现板块构造运动的证据，即使部分行星和卫星上都存在着表面运动以及山脉的痕迹。因为后来的地质事件会掩盖过去地质活动的痕迹，目前我们仍无法确认在其他行星（比如火星与金星）早期的历史中是否存在板块构造运动。所以，当研究板块构造如何改变地貌这一课题时，我们很难找到另一颗相似的星球进行对比。地球似乎是太阳系中唯一拥有活跃板块运动的星球。

究竟什么因素导致地球表面分裂成若干板块？其中一部分原因在于地球的大小和它的结构。地球是目前已知的最大岩质行星，内部能产生大量热量。这也是地球内部对流活动活跃的原因。地球表面有巨量的水，有利于俯冲带的形成。金星的大小和地球类似，但是它是一颗干燥的星球。而火星距离太阳略远，体积小，难以保留内部放射性元素产生的热量。但是在火星历史的早期，它的内部可能也会产生大量的热量。"火星观察者号"探测器搭载的磁强计对火星表面的磁化模式进行了测量，其独特特征让科学家猜测早期火星也受到板块构造运动的影响。这不禁令人好奇地球的板块构造运动是从何时开始的，又将于何时以何种方式结束。这个疑问有待于科学家对其他行星进行更细致的研究后才能解答。

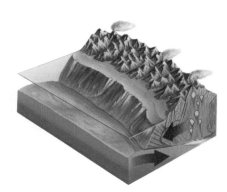

当一个板块被推到另一个板块之下时就会形成俯冲带，一侧形成深沟，另一侧形成火山弧带。

在边界处，相邻板块相对平行运动，通常会发生破坏性地震，但不会产生新的地壳和破坏原来的地壳。

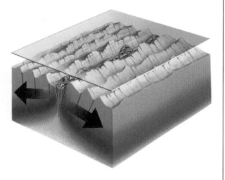

扩张中心是分开两个板块的线性区域，上升的岩浆沿着两个板块向外扩散形成新的地壳。

活力行星

参见：山脊：折叠与褶皱，第70页

如果其他行星上的断层与山脉并不是由板块构造运动引起的，那么原因究竟是什么？即使行星上没有板块运动，它们的内部活动也会导致外壳运动。对于较小的行星，外壳的张力来自它们绕主恒星运行时所受的潮汐引力作用，比如木星和土星的那些冰冷的卫星就是这样的情况。当卫星环绕行星运行时，行星的引力对卫星产生拖曳作用——靠近的时候作用较强，远离的时候作用较弱。在地球上，引力的拖曳作用（来自月球）产生了潮汐现象。因为木星和土星十分巨大，它们的引力对于那些小个子的卫星来说，足以扰乱其内部的地质活动，产生大量热量，引起卫星表面的地质活动。

我们在其他行星上观察到的地质构造作用与地球上的并无太大差异。目前已知的地质构造作用包括拉伸（分离）、压缩（聚合）以及剪切（相对运动）。最终所形成的构造的整体形态和维度数据有助于我们模拟任何一颗行星表面形态的变化。

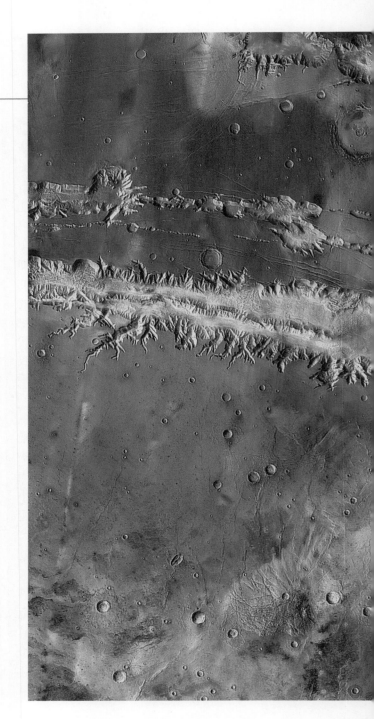

太阳系中最引人注目的大裂谷之一是火星上的水手峡谷。它的长度相当于美国纽约与洛杉矶之间的距离，深度是科罗拉多大峡谷的4倍。水手峡谷发源于地堑或裂谷，随着时间的推移，在侵蚀和塌陷的作用下越变越大。该地区的地质特征复杂，具有多个互相连接的峡谷群。而水手峡谷之所以如此宽广，可能是因为与塔尔西斯高原有关。塔尔西斯高原位于火星上与水手峡谷相对的一侧，由大量的火山喷发物堆积而成。火山岩浆的大量堆叠对火星的外壳产生巨大的压力，从而导致火星外壳碎裂。

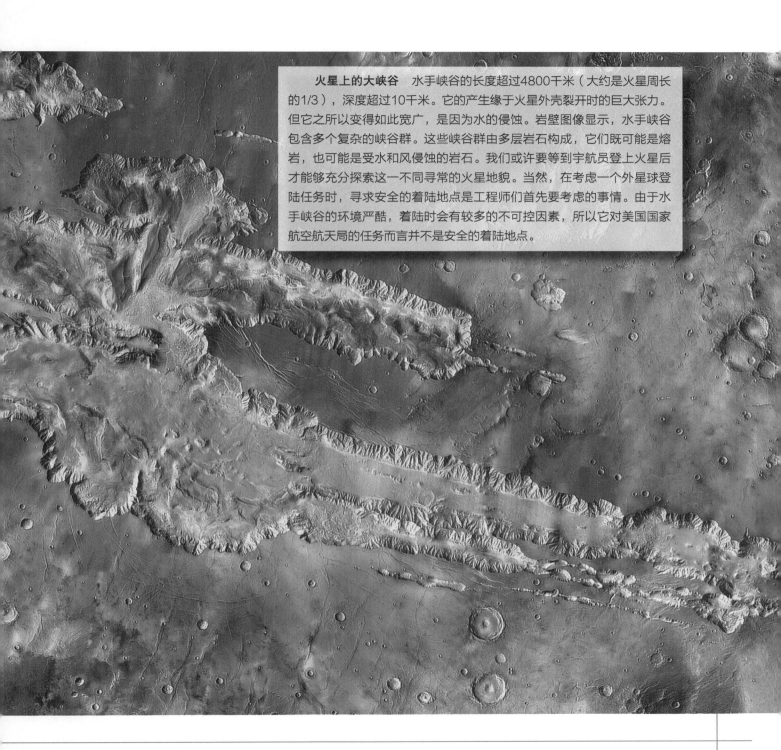

火星上的大峡谷 水手峡谷的长度超过4800千米（大约是火星周长的1/3），深度超过10千米。它的产生缘于火星外壳裂开时的巨大张力。但它之所以变得如此宽广，是因为水的侵蚀。岩壁图像显示，水手峡谷包含多个复杂的峡谷群。这些峡谷群由多层岩石构成，它们既可能是熔岩，也可能是受水和风侵蚀的岩石。我们或许要等到宇航员登上火星后才能够充分探索这一不同寻常的火星地貌。当然，在考虑一个外星球登陆任务时，寻求安全的着陆地点是工程师们首先要考虑的事情。由于水手峡谷的环境严酷，着陆时会有较多的不可控因素，所以它对美国国家航空航天局的任务而言并不是安全的着陆地点。

参见：大陆、地壳与碰撞，第58页

地球上的裂缝

　　当行星的表面受到拉力作用时，地壳随之破裂，从而形成地质上称作正断层的裂缝；而破碎的地壳下沉形成相对平坦的谷底，地质上称为地堑或地裂。内华达州的盆地和山脉在地球上已经存在了数百万年之久，它们是地壳在张力作用下发生断裂的典型代表，形成了一系列具有正断层地质特点的山脊与下沉的山谷。与之相比，更大的非洲板块也面临着分裂的可能，在未来的某个时刻它将沿着东非大裂谷断裂，裂缝从黎巴嫩直到莫桑比克，形成一条长度超过4800千米的超级裂谷。裂谷区域的地质活动非常频繁，如果分裂一直持续下去，将来很可能在地球上创造出一个新的大洋和一座新的岛屿。

　　在上述两种情形下，地壳在流动（地壳底部温度较高的部分）与断裂的作用下不断扩展。上层10~15千米厚的地壳温度较低，足够坚硬，会发生断裂形成断层。而更深处的地壳温度较高，像塑料般柔软，会产生流动。断层处的地壳运动开始时以一种渐进的方式缓慢进行，称为地壳蠕动。当压力积累到一定程度后，地壳突然发生断裂，最终以地震的形式表现出来。地震的强度取决于断层的长度和深度。在内华达州与东非这两个例子中，在地壳扩展的同时，地下的热量向上传递，底部的岩层和扩展的地壳都会熔化，岩浆从地壳破裂处涌出，在地表堆积，最终在地壳扩展区域形成一系列火山。

太阳系中著名的断裂带		
名称	所在行星	长度
东非大裂谷	地球	6400千米
帕尔加峡谷	金星	9600千米
水手峡谷	火星	6400千米
赫卡特峡谷	金星	7700千米
大西洋中脊裂谷	地球	9600千米

冰岛的议会旧址国家公园（上图）像一座天然的圆形剧场。它由大西洋中脊不断扩张的断层延展而成。自公元930年开始，冰岛议会一直在此地举行会议。

裂谷地貌在金星、火星以及外太阳系中的冰质卫星上普遍存在。这些星球的表面同样受到底层张力的作用，但张力并不足以撕裂星球外壳引发板块分裂。除了水手峡谷，火星上地壳扩展程度有限的证据还包括一些断裂带与槽沟群，比如埃律西昂火山附近的刻耳柏洛斯槽沟。虽然这些是地壳扩展形成的构造型槽沟，但它们也能够说明火山活动可以导致地表变形。埃律西昂火山喷发的岩浆层拉伸地壳，从而产生了刻耳柏洛斯槽沟。美国国家航空航天局派出的"火星奥德赛号"探测器以及火星探测轨道飞行器传回了刻耳柏洛斯槽沟的高分辨率图像。图像显示出火星平原上年代较近的裂谷的走向，并且它随着裂缝边缘的坍塌而逐渐变宽。

东非大裂谷 上图中呈三角形的地区是西奈半岛，它的左侧是苏伊士湾，右侧为亚喀巴湾。东非大裂谷除了孕育出红海，同时也向外延伸，形成了上述两个海湾以及死海。从黎巴嫩直到红海，阿拉伯半岛与非洲大陆被这条长约5800千米的大裂谷分隔开。板块分离约从3000万年前就已开始了，而今天这种板块运动仍在继续。

金星峡谷

金星地壳的扩展运动产生了大量断裂带、奇特的网格状平原以及赤道附近错综复杂的峡谷群。金星上的峡谷群是太阳系中最壮观的峡谷群之一，其中的断层与槽沟连绵蜿蜒，延伸的距离大概相当于从纽约到伊斯坦布尔的路程。峡谷的平均宽度约为250千米，深度为几千米。金星上存在着大量峡谷，而且峡谷的长度普遍大于火星上的峡谷，这些事实说明金星的地壳运动更活跃。但与火星相同的是，金星的地壳运动也较为"克制"，不像地球上的海沟区域那样会不断产生新的地壳物质。金星峡谷的形成很可能与其内部对流活动有关，内部的对流将幔层物质带到表面附近，从而对金星的壳层产生压力。然而，由于金星上极度缺乏水分，其岩层非常干燥，这会阻碍俯冲带的生成，而俯冲带是板块构造的关键因素之一。金星干燥的表面过于坚硬，不能向下俯冲，只会造成整个板块同时移动而不会断裂。同时金星缺水意味着侵蚀作用的效果大大降低，能够保留更多的构造痕迹，地质学家可以据此分析金星最原始的板块结构。

另外，金星的某些区域密布着大量的断裂痕迹，其中一些是因为高温岩浆挤压地壳，造成了表面褶皱，而另一些是由于地壳扩展的张力不足以形成峡谷。

金星上最奇特的地形之一当属网格状平原，这是一些被极窄的断裂带切割而成的低洼区域。断裂带通常只有800米宽，却能延伸100千米以上。这些断裂带极其狭窄，意味着仅有最上方的一层薄薄的地壳被这些脆弱的裂痕所覆盖；如此大面积的规则

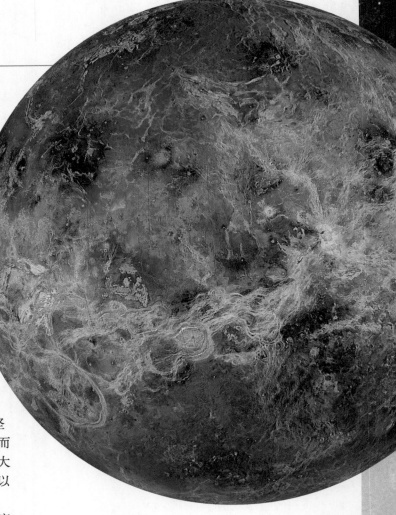

此图为金星的彩色地形图像，图中展示了金星上复杂的峡谷区域地貌，其中黄色与红色表示高地，蓝色表示低谷。

地貌特征表明，这块区域曾经被性质均一的熔岩流覆盖，最终产生了间隔均匀的断裂带。

火星低谷　背景大图是火星上的刻耳柏洛斯槽沟中的一条槽沟的壁上由于地壳撕裂而产生的岩层结构。岩壁上的碎石从斜坡上滚落，岩屑在槽底堆积，图中呈暗色。火星峡谷并非由板块构造运动形成，但在地球上，可以说板块构造运动形成了东非大裂谷的裂缝与槽沟（右图）。以爱德华湖为主的湖泊群则是东非大裂谷中的低洼区域。

冰冻世界

在太阳系外侧，环绕那些气态巨行星运转的卫星通常由硅酸盐岩石和冰水混合物组成。离太阳越远，卫星就含有越多的冰以及越少的岩石。极端低温造成这些卫星上的冰层异常坚硬，它们的地质活动多少与岩石类似。所以，这些冰冻卫星上的地质活动同岩质行星（如地球和火星）上的板块活动相似。

什么导致这些冰冻星球的表面产生形变？外行星的卫星的冰质内部同样含有放射性物质，但不足以产生足够的热量而使表面融化。卫星附近的巨大行星引力扰动卫星内部，使之产生足以导致地质活动的热量。如木星和土星这样的巨行星会对其卫星产生巨大的引力，在引力的作用下，卫星内部潮汐式波动，产生摩擦力。就如同双手摩擦会使掌心发热一样，当卫星内部的摩擦产生足够的热量时，表面冰层就会开始融化。

"卡西尼号"拍摄的这张照片显示了土卫四上的一个直径约60千米的陨石坑。

"旅行者号"和"伽利略号"探测器拍摄的图片提供了充分的证据，表明木卫二与木卫三这两颗卫星的表面因拉伸作用而布满了蜿蜒曲折的条纹结构。冰面产生裂缝，冰水混合物从中涌出形成新的外壳，这和地球上冬季某个结冰的池塘冰面裂开时的情况差不多。在木卫二和木卫三上，无数次表面拉伸作用形成了纵横交错的断裂带网格状地貌。

木星巨大的潮汐引力反复拉扯着它的卫星，造成卫星内部部分融化而对表面产生压力。例如，在潮汐引力的作用下，木卫二外壳的起伏幅度可能超过30米，可见潮汐引力对木卫二表面造成了巨大的压力。另外，科学家们也发现一些古老裂隙的延伸方向并不符合潮汐引力作用模式，所以我们推测，木卫二表层的自转速度比内部更快，其表面与内部地幔之间有一个液体间层。而这一重大发现——冰下海洋——引起了天体生物学家们的浓厚兴趣。

"旅行者号"和"卡西尼号"在土星的一些卫星上也拍摄到了相似的条纹结构。土卫二的直径仅为500千米，在E环内部绕土星运转，它的表面样貌与木卫二相仿。土卫二受到的潮汐引力与其内部的放射性物质共同产生了热量，让它的表面布满了地缝，其中一些地缝长达200千米，深达800米。"卡西尼号"拍摄的照片显示，土卫二的地缝结构异常复杂，特别是在南极地区。在某些区域中心的地缝结构显示出了极其年轻的特征，有一些甚至含有有机物。

在土星的卫星中，土卫二并不是唯一存在拉伸作用和地表破裂的卫星。"旅行者号"拍摄了土卫四南极附近明亮的带状区域，而"卡西尼号"拍摄的高分辨率图像显示这一区域是陡峭的悬崖（左图）。

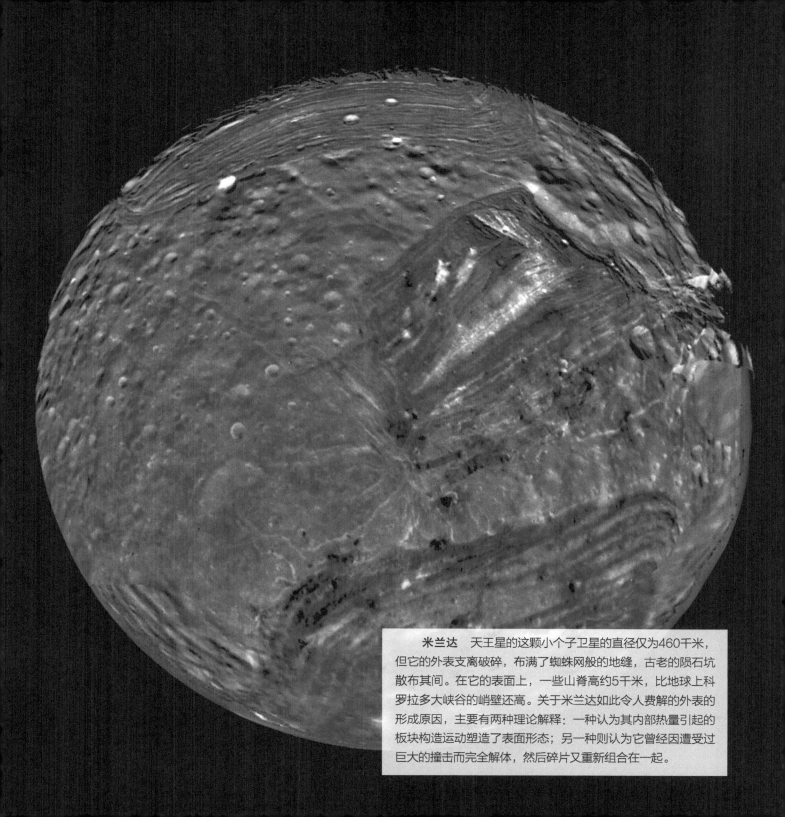

米兰达　天王星的这颗小个子卫星的直径仅为460千米，但它的外表支离破碎，布满了蜘蛛网般的地缝，古老的陨石坑散布其间。在它的表面上，一些山脊高约5千米，比地球上科罗拉多大峡谷的峭壁还高。关于米兰达如此令人费解的外表的形成原因，主要有两种理论解释：一种认为其内部热量引起的板块构造运动塑造了表面形态；另一种则认为它曾经因遭受过巨大的撞击而完全解体，然后碎片又重新组合在一起。

参见：活力行星，第62页

山脊：折叠与褶皱

当行星地壳受到挤压时，在压缩应力的作用下，地表形成褶皱、冲断层或逆断层。但从表象上来看，这3种实质上不同的地质特征都表现为山脊地形。挤压形成的山脊多趋向于弯曲成S状，而地表延伸形成的山脊就显得更直一些。褶皱有两种类型：背斜（岩层向上弯曲）和向斜（岩层向下弯曲）。大家会问，为何坚硬的岩石也会弯曲和形成褶皱？因为在高温和高压下，岩石会表现得如同塑料一样，容易发生形变，但不会断裂。离表面较近的岩层的温度较低，受到的压力也较小，容易断裂，形成裂缝或断层。在地球上，这种岩层变化发生在地表以下大约15千米处。我们能观察到地球上的山带褶皱，因为曾经深埋的褶皱被抬升，侵蚀作用暴露了其内部结构。行星表面的图像一般只能帮助我们了解行星的外表，但也有例外，比如在侵蚀作用下，火星内部的部分岩层暴露在外，从而得以被科学家们观测到。但是对于那些冰冻的卫星、金星、月球以及水星，我们只能根据它们的外表猜测其内部结构。

大部分冰质卫星的表面是张力作用的结果，但我们也发现木卫二上存在着挤压作用形成的狭窄山脊。实际上，在这些冰层覆盖的卫星上我们只观察到了张力地貌，而没有发现更多压缩应力作用的证据。这让科学家们充满了困惑，因为有拉伸必有挤压。

但在木卫二上发现的褶皱结构非常细微，并且像是木星潮汐引力作用的产物。科学家们推测，在许多冰质卫星上都可能存在类似的褶皱结构，但此类山脊过低过宽，很难辨别（山脊必须高到可以产生足够的阴影区域才能被观测到）。即使形成山脊，它们也会由于冰层类似于塑料的特性，很快趋于平坦。

在火星上，狭窄的蛇形山脊遍布火山平原，看上去就像弄皱了的毛毯。在月球、水星以及金星的火山平原上，我们也发现了类似的结构。一般认为皱脊是相对开阔、地壳较为坚硬的薄弱处受到较小程度的挤压后形成的。

水星的大部分历史里写满了火山喷发和陨石撞击事件，所以它的地表布满了冲断层——一层地壳推压到另一层地壳之上。在水星历史的极早期，地壳的挤压形成了这些断层带。回顾上一章的内容，岩质行星是在46亿年前由于许多星子的撞击而形成的。撞击产生大量的热量，导致早期的行星部分熔化，然后才缓慢冷却。大多数种类的岩石冷却后会收缩。同样，行星冷却下来之后体积会变小。我们发现水星上的大多数冲断层形成于这个时期，它的地壳因冷却收缩而产生挤压作用。

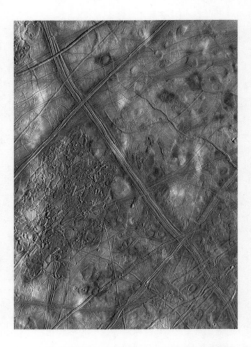

横贯木卫二表面的山脊可能是由地下海洋的运动形成的。木卫二上的某些山脊和裂谷长达3000千米。

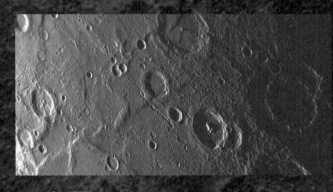

异世界

　　火星上的陶马斯区是位于水手峡谷南部的一片火山高原，地壳挤压作用塑造了图中细长曲折的皱脊（背景大图）。此图由火星探测轨道飞行器搭载的HiRiSE相机拍摄。图中，巨大的山丘围绕着皱脊，这是风持续侵蚀沉积作用的结果。在土卫六、火星以及地球这些星球上，侵蚀作用不停地改变着板块地貌。然而在一些干旱的星球，如水星上，"旅行者号"拍摄的照片显示星球表面仅有撞击造成的山脊与陨石坑（上图）。在同样缺乏水分的金星上，山脊与断层结构也表现出了相对稳定的特性。但因为缺乏对金星内部结构的了解，我们对于这个地球近邻的板块构造的研究还处于很初级的阶段。

高山与深谷　　地球的板块运动让大陆地壳发生碰撞，岩石变形、抬升后形成山脉。在长年累月的侵蚀（通常是流水）作用下，原本陡峭的山峰逐渐变成了低缓的山丘。这也是阿巴拉契亚山脉的变化史，其低矮的山丘（右图）似乎与高耸陡峭的喜马拉雅山（背景大图）没有什么共同之处。但实际上，它们只是处于不同阶段的山脉类型而已，阿巴拉契亚山脉是一座不断遭受侵蚀的古老山脉，而阿尔卑斯山和喜马拉雅山仍在向上生长。阿巴拉契亚山脉形成于6.8亿年前的一次板块碰撞。在那个时期，它也是盘古大陆上的中央山脉。千万年来的无数次板块碰撞持续改变着山脉的形状。由于侵蚀作用，山脉逐渐变得平缓，然后又升高。距今最近的一次造山运动发生在3000万年前，随着岁月的流逝，高山又被溪水与河流逐渐磨去了棱角。

太阳系中的高山

参见：金星：地球的过去和未来，第182页

在太阳系的其他行星上，山脉要比地球和金星上的令人叹为观止的崇山峻岭少得多。火星与水星都缺少能够造山的地壳板块构造运动，这些天体上唯一与山脉相似的地形是陨石撞击出的参差不齐的环形山。金星上有两种山脉类型：一种与地球上的类似；另外一种缘于地貌的复杂形变，称为镶嵌地。

金星上的大部分山脉都环绕在拉克西米高原的周围，其位于金星的北半球。拉克西米高原比金星上的其他平原平均高出1600米，四周被山脉环绕，表层覆盖着一层火山熔岩。与青藏高原不同的是，拉克西米高原很有可能由金星内部高热物质的隆起堆积而形成，而不是由板块碰撞形成的。随着时间的推移，由于重力的作用，高原开始向四周扩散，并在边缘处发生了挤压。科学家们还未完全了解这片区域的地质过程。

金星上最高的山峰位于拉克西米高原的东侧，麦克斯韦山比金星表面的平均"海拔"高出11千米，高出拉克西米高原约6.4千米。麦克斯韦山长约850千米，宽约700千米，其中遍布平行排列的峭壁与峡谷。麦克斯韦山比拉克西米高原上其他的推挤山脉高出许多，意味着它的成因更加复杂。一些科学家甚至认为拉克西米高原是金星早期板块运动的遗迹。想要真正搞明白麦克斯韦山起源的秘密，唯一的方法是发射探测器登陆金星采集麦克斯韦山的岩石，检测其化学成分，并设置地震仪记录"金星地震"的能量传递路径，以揭示当地岩石圈的更多精细结构。但考虑到金星上极端的温度和压力，以及麦克斯韦地区崎岖不平的地形，目前这两项任务在技术上仍难以实现。

太阳系的一些天体上的最高山峰/山崖		
山名	所在行星	高度
奥林匹斯山	火星	25000米
麦克斯韦山	金星	11000米
珠穆朗玛峰	地球	8844米
维罗纳断崖	天卫五	4800米
惠更斯山	月球	4600米

麦克斯韦山东侧有一个名为福尔图娜镶嵌地的地区。1983年苏联科学家第一次从金星轨道探测器传回的雷达图像中观察到这个地区布满纵横交错的裂缝与山脊，因此将其命名为镶嵌地，因为这种地形让他们想起了家中的那些花纹繁复的瓷砖地板。除了福尔图娜，另外还有6处较大的镶嵌地，并且都是高原地区，海拔为800~1600米。科学家们争论镶嵌地形成于热点（岩石圈下方或内部的熔岩）的上方，地表会因为热点的存在而隆起，也会因为热点的消失而崩塌；或者形成于金星地幔物质的沉降，地壳塌缩，地表发生形变堆积。金星上所有的镶嵌地地貌相对而言更为古老，它们被更年轻的由火山熔岩构成的低矮平原环绕。镶嵌地地貌或许保存了金星早期地壳活动的历史。不过，科学家需要依靠未来发射空间探测器登陆金星表面才能够解答这些疑问。

在金星上我们还发现了比山脉和镶嵌地更狭窄的山脊带，它们比周围的火山平原高出约800米。这些山脊由区域性的地壳水平运动形成，可能是在金星内部物质发生对流下沉时拖拽地壳发生挤压而形成的。

花纹繁复的镶嵌地 阿尔法地区是金星上的一处宽约1271千米的高地，背景大图为"麦哲伦号"探测器拍摄的雷达图像，展示了它的三维结构。图中运用橙色模拟了透过金星稠密的大气层所看到的场景的效果。阿尔法地区是一处由山脊、沟谷和平地断层交错排列而形成的山区，类似于地球上的也门山区（右图）。它的正南方有一个巨大的椭圆形区域，科学家将其命名为"夏娃"。位于夏娃区中心的雷达光点标记着金星本初子午线（零度经线）的位置。

地球运动

在太阳系中到处可以看到褶皱、山脊与断层，它们究竟想告诉我们什么？科学家们研究这些地形，试图解释行星是如何分层的，每一层是如何构成的，它们为什么发生断裂，在何时发生断裂。与许多其他的科学问题一样，这些板块构造问题的解答最后都归结到数学上来。地球物理学家在实验室中测量不同条件下岩石的强度，并将这些信息输入数学模型。该模型可以让科学家们在全球进行虚拟实验：当10千米厚的花岗岩层受到挤压时，会形成什么类型的断层，断层会有多长，它们之间相距多远。科学家们将模拟结果与地球或金星上的实际观测数据进行比较，就可以得出地表地形与行星地壳构成之间的关系。太阳系中有多颗行星，这对人类来说是一件非常幸运的事，因为每颗行星都有其独特的构成，可供人们研究不同条件下的地表形变。举例来说，地球上玄武岩的形变与炎热干燥的金星上玄武岩的形变不同，因为金星上缺乏水分，岩石变得更加坚硬。模型中使用的行星数据越丰富，得出的结果就越符合实际情况，模型的精度也会越来越高。最终，我们能得到更好的可用于模拟地球情况的模型。科学家们一直希望，行星表面形变的详细研究能够帮助我们预测地球上未来的地表运动和地震。全球每年发生几百万次地震。目前我们可以区分哪些地区是地震多发区，比如环太平洋地震带。另外，通过研究某些断层带的历史，我们也可以预测这些地区将来是否会发生毁灭性的地震。但即使对于研究非常充分的圣安地列斯断层，我们暂时也无法预测地震发生的具体时间和强度。一些破坏性

在日本（左图）和中国（上图）的一些人口密集地区，地震是一种严重的自然灾害。2008年发生在中国四川的大地震造成了极其严重的破坏，许多人在地震中丧生。

地震会发生在研究尚不充分的断层带，比如1994年发生的加州北岭大地震。

山脉、裂谷和断层这些地质特征在太阳系中的其他行星和卫星上都普遍存在，但当我们想真正了解板块构造的原因时，又发现地球是如此独特，它是太阳系中唯一板块会生长、漂移，以及潜入地幔之中的星球。研究板块构造非常依赖模型，因为许多像造山运动这样的地质过程都是起源于地球内部深处，并且跨越很长的时间，人类无法实时进行观测。但其他星球上的山脉、裂谷以及断层能帮助科学家们加深对板块构造的理解，因为它们代表了不同类型的地壳活动。与地球构造最相似的行星是金星，它的许多地貌特征都可以作为对比项，用于完善现有的地球板块构造模型。但关于金星板块构造的研究，我们仍有很长的路要走。为了揭示这个秘密，人类需要继续研制能够更好地适应严酷环境的探测器，发现更多的地质信息。

第 4 章

地底之火：火山

目击者现场目睹了西西里岛埃特纳火山惊心动魄的喷发场景，这次喷发释放了大量岩浆、火山灰以及气体。

致命的喷发

参见：燃烧的山谷，第120页

火山是太阳系中行星和卫星上最常见的地貌形态之一。它们喷发的熔岩流改变了行星的外表，喷发的气体与火山灰会对当地的大气环境造成严重影响。火山活动塑造了火星、金星、土卫六、木卫一和土卫二的地质形态。而在地球上，无论是夏威夷群岛那样的世外桃源，还是白雪皑皑的富士山，火山都构成了一道亮丽的风景线。然而，尽管火山景色壮丽，但它们也是"灾难"的代名词，猛烈的爆炸和熔岩流会摧毁无数人的家园，喷发的大量气体与火山灰遮天蔽日，污染空气。为了进一步了解火山造成的危害，火山学家将地球上的火山与火星、金星等行星上的火山进行了比较。这些研究可以帮助我们更加明确火山喷发的原因、方式和时间。对地球上火山的研究反过来也能帮助我们进一步了解其他行星为何成了今日的形貌，以及它们将来会随着时间如何变化。

火山喷发时岩浆四流和山灰蔽日的壮观景象，揭示了行星释放其内部热量的方式与出口。这些内部热量来自岩石中放射性元素的衰变以及行星形成时剩余的热量，其熔化岩石从而形成了岩浆。岩浆的密度比周边的岩石小，它们缓慢地向地表流动。岩浆中包含的水蒸气和二氧化碳气体也为其上升提供了助力，就像晃动过的汽水罐一样，最终造成了岩浆喷发。

火山喷发的类型受多种因素的影响，包括岩浆

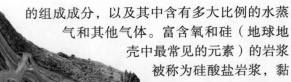

层层叠叠的熔岩流，有时候夹杂着层层火山灰，堆积成了火山体。火山下岩浆室内的岩浆通过火山中央喉管被引到火山口，进而发生了喷发。

的组成成分，以及其中含有多大比例的水蒸气和其他气体。富含氧和硅（地球地壳中最常见的元素）的岩浆被称为硅酸盐岩浆，黏性较大。诸如皮纳图博火山、圣海伦斯火山和雷尼尔火山这些火山的岩浆就富含硅酸盐，容易堵塞喷口，当内部压力大到终于冲破堵塞的喷口时，通常会发生剧烈的爆发。这种爆炸性的喷发会粉碎岩石，抛射火山碎屑，并向大气中释放大量的火山灰。由此形成的火山主要由熔岩层和火山灰沉积物构成，因此被称为复合火山。

硅含量少的熔岩流动性更好，其中的气体容易逸出，凝结成坚硬的黑色岩石，称为玄武岩。在地球上，加拉帕戈斯群岛和留尼汪岛等岛屿上的玄武岩火山的喷发相对温和，熔岩流窄而长，流动速度较快，液态熔岩像喷泉一样从断层带或裂隙中喷涌而出。这些火山称为盾状火山，因为它们由玄武岩浆的多次喷发堆叠而成，形状扁平，坡度较缓。盾状火山是太阳系中最常见的火山类型。

火山学家主要研究火山下面及里面到底发生了哪些地质过程，同时也分析熔岩流以及喷发的火山灰和气体。他们为研究其他行星上火山活动的科学家们做了基础性工作，让他们在面对太阳系中的这种最剧烈的地质活动时有所准备。

从地球到金星 航天飞机在执行STS-108任务时拍下了加拉帕戈斯群岛中的伊莎贝拉岛（背景大图）的这张照片。从空中看去，它像一只海马，由几座火山喷发的熔岩冷却后形成。图中上方较小的圆形岛屿是费尔南迪纳岛，其上有一个巨大的孤立火山口，熔岩流从火山口流出，冷却后形成了火山锥体。"麦哲伦号"携带的射电观测设备拍摄了金星上的希芙火山的照片（右图），它也有一个圆形的破火山口，山体上有一道道或粗糙或光滑的熔岩流过的痕迹。

火山的形成

在整个太阳系中，人们在不少行星和卫星上都发现了火山的踪影，但仅有少数属于活火山。因为行星内部必须产生足够的热量才能够熔化岩石形成岩浆，岩浆才能够通过裂隙到达行星坚硬的地表。大多数行星内部的热量来自铀和钍等放射性元素的衰变，而一些行星的卫星（比如木卫一），内部的热量来自主行星巨大的潮汐引力作用所产生的引力挤压。早期，一些行星的内部具有大量的热量，但经过45亿年的漫长时间后，剩余的放射能已不足以导致火山活动。我们在水星和月球上发现了过去火山活动的痕迹，但现在仍在活动的火山毫无影踪。而对于内行星中较大的地球和金星来说，由于它们的内部仍含有大量的放射性元素，因此地质活动十分活跃。在处于太阳系中间地带的火星上，由热量驱动的活跃地质活动早在几百万年前就已经停止了。

行星上的任何一座火山都能够告诉你这颗行星的内部究竟是如何运作的。地球上的火山聚集在板块的边界。沿着还在扩张的大洋板块的边界，形成了长长的火山链，它们坐落在从地球深处上涌的火热物质之上。同样的机制也造就了位于大西洋中脊上方的冰岛火山。另外，火山也会聚集在俯冲带上，板块俯冲到地表深处而被熔化，导致岩浆向上喷发。日本的火山和美国西部的喀斯喀特火山都属于俯冲带火山。

另外，在行星上的一些被称作热点的区域也可能形成火山。行星中心的热物质聚集在一起，产生了向上移动的熔岩流。熔岩流穿透地表，形成了火山。在一些有板块运动的行星上，随着板块穿过热点，产生了一系列火山岛链。夏威夷群岛上的火山就属于这种类型。热点同样存在于大陆板块之下。黄石国家公园中的超级火山群就位于岩浆聚集的热点之上，它曾造成了北美洲近百万年来最大规模的火山喷发，将北美大草原的大部分地区都掩埋在数米深的火山灰之下。

地球是太阳系中唯一一直存在板块构造运动的天体，而在其他行星上尚未发现存在于板块边界的火山链。其他行星和卫星上的火山更像是随机形成的，它们散落在星球表面。虽然科学家们还无法断定在早期的火星和金星上有过板块构造运动，但在今天的火星和金星上我们尚未发现板块构造运动的证据。火星与金星上的火山均坐落在热点之上，比如火星上的塔尔西斯高原。另外，木卫一上的火山也可能是由热点形成的。

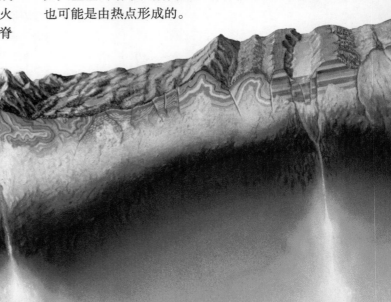

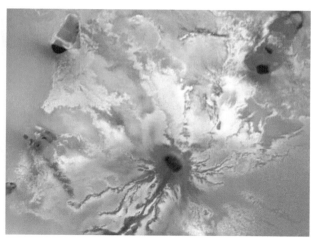

地球观测系统的卫星所拍摄的夏威夷群岛（部分），它们均由火山活动形成。从左至右，它们依次为瓦胡岛、莫洛凯岛、拉奈岛、卡霍拉维岛、毛伊岛和夏威夷岛。在陆地上，目前只有夏威夷岛上的莫纳罗亚火山和基拉韦厄火山是活火山。

拉帕特拉火山位于木卫一上。木卫一具有太阳系中最活跃的火山活动，有70多座处于喷发期的火山。在地球上，在任一时刻，平均有20座火山处于喷发状态，年均约有60座火山发生喷发。

地球上的火山活动主要发生在3种地形上：俯冲带（左）、扩张中心（中）和从内部深处升起的地幔柱热点（右）。

火山喷发的类型　火山喷发可以持续几天、几周甚至几年，一个典型的喷发周期平均为7周。火山喷发的类型是以这种喷发方式的火山的名字命名的，例如斯特朗博利式喷发是以意大利斯特朗博利火山命名的间歇性熔岩喷泉式喷发。其他类型按喷发程度从弱到强依次为夏威夷式喷发、武尔卡诺式喷发、维苏威式喷发、培雷式喷发和普林尼式喷发。

历史上的火山喷发

参见：阴影重重，第100页

纵观人类历史，大规模的火山喷发曾造成巨大的破坏，导致成千上万人死亡，甚至中断了文明的进程（3000多年前在克里特岛上发生过一次）。科学家们尝试根据喷发量和喷发柱的高度等因素对火山喷发的规模进行评定。其中一种评定方式将火山喷发的规模定为0级到8级，8级的破坏性最大。幸运的是，在过去的1万年里并没有发生8级火山喷发，只发生过一次7级喷发——1815年坦博拉火山喷发。坦博拉火山位于印度尼西亚的松巴哇岛，那次喷发造成了92000人死亡，导致全球气候变冷，1816年甚至没有夏季。这种规模的喷发平均每1000年发生一次。1883年喀拉喀托火山喷发的等级为6级，而毁灭庞贝古城的维苏威火山喷发的等级为5级——公元79年维苏威火山喷发的威力仅略大于1980年圣海伦斯火山的喷发。然而，维苏威火山喷发造成的破坏要严重得多：当地人口众多，火山喷发时快速扩散的热气和火山灰云迅速掩埋了周边的城镇。现在维

高危火山	
这是由国际火山学与地球内部化学学会指定进行重点研究和监测的部分火山列表。它们处于人口密集地区，一旦喷发，会造成多重灾害，并且最近它们一直处于活跃状态。	
名称	地点
阿瓦恰－科里亚克火山群	俄罗斯堪察加半岛
科利马火山	墨西哥哈利斯科州
埃特纳火山	意大利西西里岛
加勒拉斯火山	哥伦比亚
莫纳罗亚火山	夏威夷
默拉皮火山	印度尼西亚中爪哇
尼拉贡戈火山	刚果民主共和国
瑞尼尔火山	美国华盛顿州

公元79年，维苏威火山毁灭性的喷发掩埋了庞贝古城，摧毁了当地人赖以生活的家园。自1944年以来，维苏威火山一直很平静，但它仍是一座活火山。这座火山位于意大利那不勒斯市的边缘。人们一直在严密监视着这座火山。

苏威火山周边的人口更加稠密，意大利那不勒斯的300多万人就生活在那里。直到今天，这座火山仍处于活跃状态，而上一次喷发发生在1944年。在遥远的过去，曾经有过8次规模巨大的火山喷发，其中包括形成了加利福尼亚州长谷破火山口和黄石火山口的超级火山喷发。长谷破火山口喷发发生在73万年以前，喷出的火山灰最远飘到了堪萨斯州。大约7.5万年前，苏门答腊岛上的多巴火山喷出的火山灰与碎屑比坦博拉火山多20倍，很可能对气候造成了更大的影响。幸运的是，极端规模的火山喷发非常罕见，每500万年才会发生一次。

大型火山喷发是否导致了今天的全球气候变化？火山每年向大气中释放约1.17亿吨二氧化碳，这也是最主要的温室气体。虽然看起来量不少，但和人类活动每年排放的55亿吨二氧化碳相比，那就是小巫见大巫了。比起火山喷发，人类活动排放的二氧化碳才是导致全球变暖的主要因素。

太阳系中的大型火山

参见：火山的类型，第93页

大型火山是太阳系中最引人注目的地质景观之一。火山通常由一连串频繁的小规模喷发形成，其中偶尔夹杂着大规模喷发。火山顶部与侧翼的喷口都会发生喷发，更常见的是顶部喷发形成巨大的破火山口（火山内部的岩浆喷发后出现空洞，引起火山锥顶部塌陷）。

在整个太阳系中，最大的火山是火星上的奥林匹斯山。它高出火星地表24000米，直径超过600千米，这几乎相当于整个波兰的面积。奥林匹斯山很可能坐落在一个火星热点之上，因为火星上并没有板块构造运动，所以并不像地球上那样可以形成一系列火山链，而是火山自身不断地生长。它曾经活跃了10亿年之久，由于山体过于庞大，山体边缘处逐渐发生崩塌，因此形成的悬崖峭壁高达5800米。这并不罕见——由于火山过高，其自身的重力成为不稳定因素。比如，地球上西西里岛埃特纳火山的侧翼就发生过坍塌，留下了一个被称为德尔博夫山谷的凹地。如今奥林匹斯山已经沉寂许久，跟火星上的大多数火山一样，它可能在数百万年前就已经停止活动了。这一点可以从奥林匹斯山侧翼上的陨石坑看出来（陨石坑也相当古老）。

火星上的大型火山主要分属两大火山群：位于奥林匹斯山西南方向的塔尔西斯火山群和埃律西昂火山群。在塔尔西斯火山群中，阿尔西亚山、帕蒙尼斯山以及艾斯克雷尔斯山的高度与奥林匹斯山几乎相同，但它们的体量较小，因为它们坐落在熔岩流形成的高原之上。科学家们通常使用撞击坑来对火山熔岩流进行年代测定，他们发现此处的火山活动可能已向北部的奥林匹斯山方向移动。科学家们推测，即使在火星这种无板块构造运动的行星上，热点的位置也可能随着时间的推移而改变。

百炼成"岩" 火星上的奥林匹斯山（背景大图）和乍得的库西山（左图）的岩石称为火成岩，由熔岩冷却后形成。若岩浆在到达地表之前已冷却，则火成岩也会在地表以下形成。太阳系中还有另外两种岩石类型：其中一种是沉积岩，由泥沙和砾石之类的沉积物硬化而成；另外一种是变质岩，由经历过高温高压的火成岩或沉积岩变化而来。

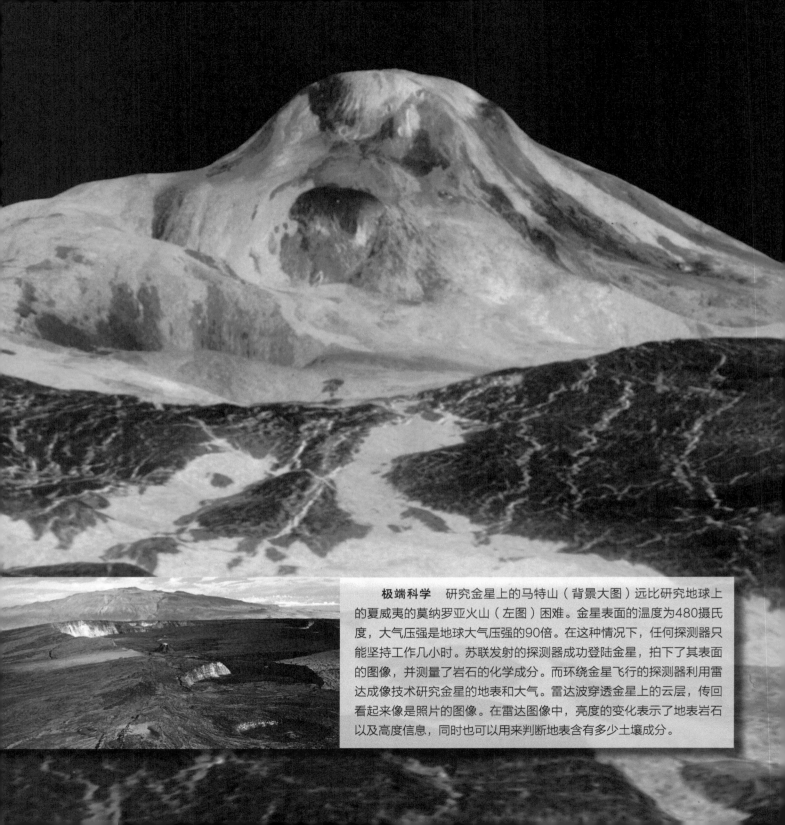

极端科学 研究金星上的马特山（背景大图）远比研究地球上的夏威夷的莫纳罗亚火山（左图）困难。金星表面的温度为480摄氏度，大气压强是地球大气压强的90倍。在这种情况下，任何探测器只能坚持工作几小时。苏联发射的探测器成功登陆金星，拍下了其表面的图像，并测量了岩石的化学成分。而环绕金星飞行的探测器利用雷达成像技术研究金星的地表和大气。雷达波穿透金星上的云层，传回看起来像是照片的图像。在雷达图像中，亮度的变化表示了地表岩石以及高度信息，同时也可以用来判断地表含有多少土壤成分。

金星上的火山比太阳系中任何其他天体上的火山都要多。金星上最高的火山是马特火山，高达7700米，直径达770千米。马特火山可能是一座活火山，但我们尚无证据可以证明这一点。"麦哲伦号"探测器携带的雷达设备在1990年至1994年间对金星进行了详细探测，但无法探测到任何一座正在喷发的火山。然而，科学家在早些时候的金星探测任务中发现了金星大气中含量呈下降趋势的二氧化硫气体，这种气体很可能来自金星上火山的喷发。

在今天，与地球大小相当的金星很可能仍在进行着地质活动。未来的金星探测任务将更注重寻找火山喷发的确凿证据。

金星上的大型火山散落在整颗行星表面，而不像地球上那样聚集在板块边缘。许多火山（如希芙山与牛拉山）分布在金星的几个高地上，科学家们至少发现了10个这样的火山高地，同时推测金星上类似的热点区域是较为普遍的。

不管是金星还是火星，它们的火山都要比地球上的火山宏伟，但是火山的形成机制都是类似的。大型盾状火山似乎都是由一层一层熔岩铺叠而成的。这些星球上的熔岩流的形态和质地与地球上的熔岩流非常相似，所以夏威夷火山和埃特纳火山熔岩研究对于了解整个太阳系中熔岩的流动机制极有帮助。即使如此，金星上的火山也不乏出人意料之处。虽然金星非常炎热干燥，温度远比地球高，但是科学家们仍然推测出金星熔岩流动的距离应该与地球上的相当。因为虽然金星上缺水的因素会阻

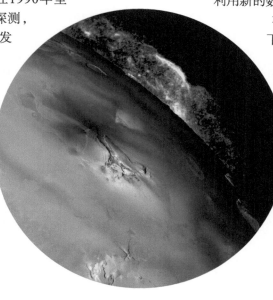

美国国家航空航天局的"伽利略号"探测器拍摄到了木星的卫星木卫一上的贝利火山喷发的景象，喷出的羽流高达290千米，落下后覆盖的面积相当于整个阿拉斯加的面积。这座火山周围都是富含硫的色彩丰富的熔岩流。

碍熔岩喷发，但是金星较高的表面温度会延缓岩浆冷却，两者的影响相互抵消。然而，"麦哲伦号"探测器观测到金星上的熔岩流可以流出相当远的距离，有些甚至达到了1600千米。目前，火山学家正在利用新的数据改善熔岩形成和流动模型。

在木星巨大的潮汐引力作用下，木卫一成为太阳系中除了地球之外火山活动最为活跃的星球。木卫一上最常见的火山特征是一些低矮的大型破火山口。火山口的直径超过290千米，深度约为1.9千米，流出的熔岩流长达140多千米。贝利火山的火山口被色彩斑斓的硫化物和硅酸盐熔岩流所环绕。木卫一上的熔岩流富含硫化物，因而呈现出特有的红黄颜色，但"伽利略号"探测器观测到的超高喷发温度以及地面望远镜拍摄的木卫一图像显示，许多熔岩都属于硅酸盐熔岩，其中一些含有罕见的成分。木卫一上温度最高的熔岩流的成分似乎与地球上10亿年前喷发的火山岩石类似。"伽利略号"探测器在这些巨型火山口中探测到了熔岩湖的存在，这与在地球上部分火山口中发现的熔岩池相似。

极其活跃的火山活动令木卫一成为太阳系中唯一表面没有明显撞击坑特征的天体。它的表面大约有350座火山，其中70余座火山处于喷发期。同时，人们还发现木卫一上有山脉与山脊，但它们究竟是火山作用的结果，还是板块构造的产物，目前还没有确切的结论。

正在喷发的火山

参见：火山的形成，第82页

在任一时刻，地球上的600余座活火山中总有10～20座处于喷发状态。夏威夷的基拉韦厄火山从1983年开始以一种较为平和的方式经常喷发，而根据记载，埃特纳火山的喷发可以追溯到古希腊时期。古希腊人认为埃特纳火山是火神赫菲斯托斯（罗马神话中的瓦肯）的熔炉以及独眼巨人库克罗普斯的家乡。地球上有一系列专业设备在监测着火山活动，包括能探测地下岩浆流动状况的倾斜仪与地震仪，以及可以测量火山气体喷发量的高灵敏度探测仪。同时卫星还能监测地球上偏远地区的火山在喷发时释放的热量，拍摄喷发柱的照片。而到了其他星球上，尤其是金星这种始终被云层覆盖的行星，恰好观测到一座正在喷发的火山要困难得多。

从地球轨道上俯瞰，火山喷发时最明显的标志就是其顶部的喷发柱。这些由水蒸气和火山灰组成的羽状物垂直向上进入大气层，并且在盛行风或者喷流的作用下水平移动。2002年，国际空间站的宇航员目睹了埃特纳火山的喷发，喷发产生的火山灰柱高达5千米。最终这些火山灰能上升到地面以上20千米的大气层中。

大规模火山喷发的喷发物可以在几天之内扩散至全球。1991年，菲律宾皮纳图博火山喷出的火山灰在平流层中环绕了地球一周，在各地都造成了壮丽的日出和日落景象。而航天飞机上的宇航员报告，地球大气中的灰尘持续了一年多才消散。

我们很难从太空中直接观测地球和其他星球上的熔岩流，但科学家们还有其他的手段，他们使用高灵敏度的设备去探测火山爆发时表面温度的变化，同时监测火山外观的变化。1994年，"空间雷达实验室"花费了6个月时间集中观测夏威夷基拉韦厄火山的熔岩流的走向。地球轨道卫星也使用仪器测量熔岩流的温度、成分以及流向，监测火山喷发的情况。雷达干涉检测技术能够以数厘米的分辨率检测地球表面发生的地质活动。

喷发进行时！美国国家航空航天局的"伽利略号"探测器拍摄到了木卫一上的一场非比寻常的火山喷发景象（图片下方）。2005年，美国国家航空航天局的ASTER卫星捕捉到了俄罗斯克柳切夫斯卡娅火山的喷发图像（图片上方），熔岩流从山体北侧流下，融化了环绕在火山周围的部分冰川。

1979年，"旅行者2号"探测器掠过木卫一上空，拍摄了这颗五彩斑斓的星球的第一张照片。科学家们没有在照片上发现陨石坑的痕迹，于是认定这颗星球的表面一定非常"年轻"。一位工程师为了导航定位，详细研究了木卫一的边缘地带。他注意到木卫一上方有一个月牙形的硫化物云团，那里的大气显得非常稀薄。这张照片恰好捕捉到了正在喷发的火山（对页图）。科学家们很快发现了其他升腾而起的喷发柱，说明木卫一上的火山活动非常活跃。1995—2001年，"伽利略号"探测器拍摄了木卫一的许多照片，并不断监测木卫一上火山的喷发状况，甚至还捕捉到了木卫一上熔岩间歇泉的喷发现象。

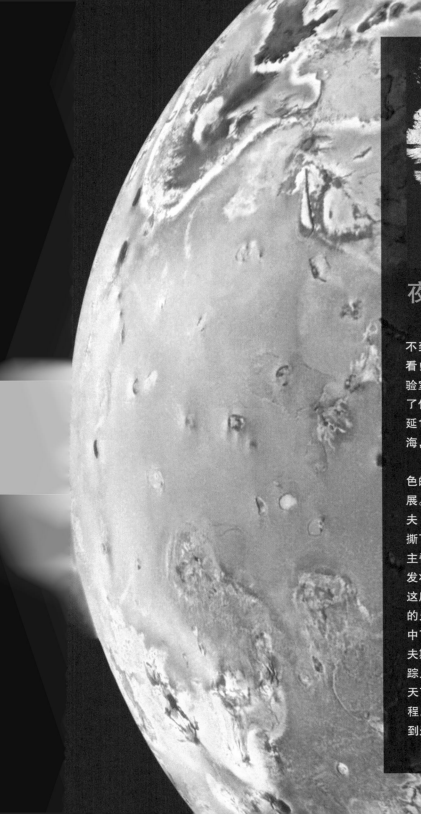

夜间喷发

  1994年9月30日，"奋进号"航天飞机才进入轨道不到半日，我就听到一阵呼喊声。"伙伴们，快上来看看！"在"奋进号"有效载荷舱中负责操控"空间雷达实验室"的两位同事和我一起冲到楼上，想搞明白到底发生了什么。我们的同事指着窗外，我们看到了亚洲东北部绵延1000多千米的壮丽远景。在堪察加半岛附近的鄂霍次克海，一道烟尘划破了原本如薄纱一般缥缈的蓝色地平线。

  当航天飞机载着我们向东北方向越过海洋时，灰褐色的烟尘在强风的吹拂下逐渐稀释成线状的云雾并向东延展。"看，堪察加火山群！"负责操作科学设备的同事杰夫·威索夫喊道。我们抓起一本处于失重状态的地图册，撕下封面翻开到东亚那一页。杰夫是对的：堪察加半岛的主脊由一条火山链形成，显然其中的某一座火山正处于喷发状态。喷出的滚滚黑烟在太平洋上空绵延了数百千米。这座火山复合体就是克柳切夫斯卡娅火山，是亚洲最雄伟的火山之一。"奋进号"带着我们以8千米/秒的速度在空中飞行，我们将带上航天飞机的每一台相机都对准克柳切夫斯卡娅火山一阵猛拍。在接下来的7天里，我们用雷达追踪火山灰、蒸气云和暴风雪掩盖下的火山的喷发状况。航天飞机上的科学相机拍摄了火山灰柱的结构和尺寸变化过程。作为机上乘员，我们为能够连续一周从太空中亲眼看到这些激动人心的自然现象而感到幸运不已。

——汤姆·琼斯

火山的类型

前文所介绍的各大型火山都是盾状火山和复合火山, 大多数都具有像日本富士山一样的典型锥体形状。然而, 火山还有其他各种形态和大小。小型火山的形态各异, 包括低矮的盾状、锥状以及平顶穹状。不同的火山形态其实反映了熔岩成分和喷发方式的差异。火山学家们通过观察火山的形状、熔岩流的形态和纹理, 逐渐了解和研究火山岩石的成分构成与起源。

由于长期有地表下的岩浆池供给, 火山地形通常是群生的, 加利福尼亚州的西玛火山群就是一个典型的例子。西玛火山群占地约230平方千米, 有65处以上的熔岩流和52个火山喷口。而在月球上, 在月海这样的撞击盆地底部形成的广阔熔岩平原上同样布满了小火山群。直径约为145千米的马吕斯山是月球上最大的火山锥群, 它曾是"阿波罗15号"的备用着陆点, 但最后没有入选。月球上的大多数火山群都相当古老, 马吕斯山的穹顶与锥体比它周边的熔岩层还要古老, 已经有几十亿年的历史了。

火山群在金星和火星上也很常见。金星上有一些被称作"盾状地带"的区域, 每一处都错落分布着数百座小型火山, 而且占地面积较大 (最大的一块区域的跨度达480千米), 所有地区都被年代较近的熔岩物质覆盖。而火星上的火山锥区域或许可以告诉我们火星地表下存在水的可能性。火星上的火山锥区域也被称为无根火山锥, 这是当地下水或地下冰被熔岩流覆盖时发生爆炸式喷发形成的火山的特征。当熔岩流

月球上的哈德利月溪就像一条河谷, 蜿蜒120千米。在金星、火星和月球上, 此类弯谷是由熔岩冲刷地表而形成的。

经过冰山时, 也会形成这种火山锥, 冰岛地区也有此类火山锥。

如果熔岩中富含二氧化硅, 那么就会形成和玄武岩盾状火山完全不同的结构。二氧化硅会让熔岩变得黏稠, 从而发生爆炸式喷发, 岩浆呈块状流动, 其中一个例子就是1980年圣海伦斯火山喷发。火山学家特别关注这样的熔岩流, 因为它们是了解行星地壳岩石演变历史的指南针——行星地壳物质被再次熔融后形成了这些富硅熔岩流。而在没有板块构造运动的火星和金星上, 地壳中的岩石很少有机会俯冲入行星内部深处并熔化, 因此硅质火山较为罕见。火星上有一些大型火山, 比如泰瑞纳火山, 它们或许曾经发生过爆炸式喷发。泰瑞纳火山高约2500米, 直径约为290千米。它的周边因侵蚀作用而显露出来的部分显示, 它曾经被爆炸式喷发所产生的火山灰包围。这与在加利福尼亚州长谷破火山口所发现的情形相似。

在其他行星上发现的最奇特的火山地貌可能就是蜿蜒的裂谷。最初人们在月球上发现, 从一些月坑中蜿蜒出了类似于地球上的溪谷的特征。"阿波罗15号"宇航员曾探访过的哈德利月溪长约120千米, 大约形成于30亿年前。月溪可能形成于某一根熔岩管道的坍塌, 或者是高温岩浆流过岩石表面时蚀刻的痕迹。然而, 月球上的月谷和月溪都要比地球上的熔岩流长, 地球上的大多数熔岩流都不超过10千米。金星上的一道弯谷自从被发现后就被大家戏称为"小绿人冈比", 因为它的外观与这个美国卡通形象非常相似。

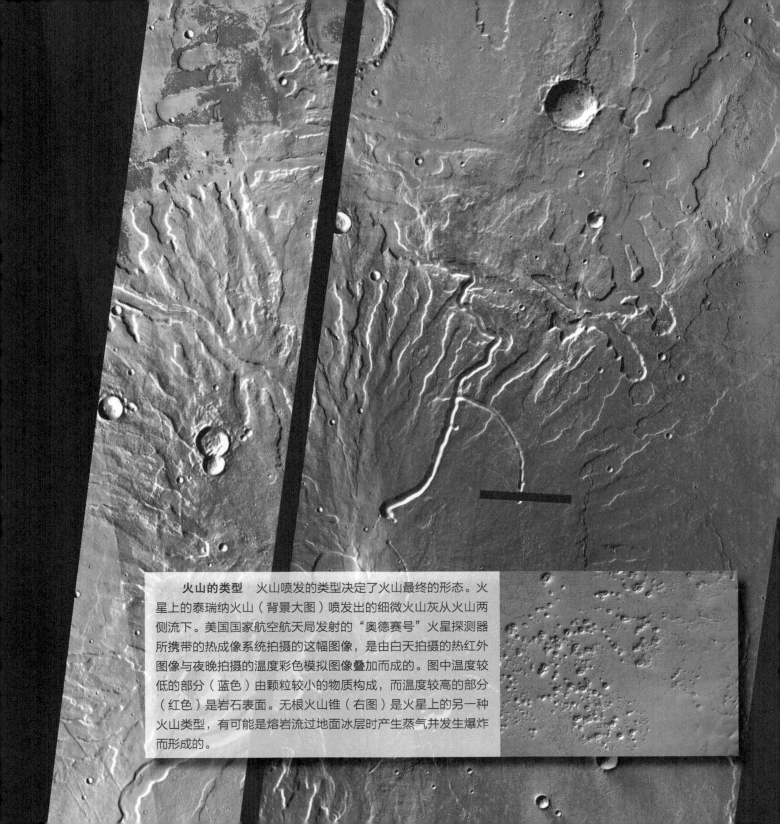

火山的类型 火山喷发的类型决定了火山最终的形态。火星上的泰瑞纳火山（背景大图）喷发出的细微火山灰从火山两侧流下。美国国家航空航天局发射的"奥德赛号"火星探测器所携带的热成像系统拍摄的这幅图像，是由白天拍摄的热红外图像与夜晚拍摄的温度彩色模拟图像叠加而成的。图中温度较低的部分（蓝色）由颗粒较小的物质构成，而温度较高的部分（红色）是岩石表面。无根火山锥（右图）是火星上的另一种火山类型，有可能是熔岩流过地面冰层时产生蒸气并发生爆炸而形成的。

野外考察：
寻访火山

　　我曾到访过西西里岛的埃特纳火山，也曾去过夏威夷，主要研究熔岩流的形成和生长过程。我们观察熔岩流最终凝固后的形态，推测它是何种类型的熔岩流。在活火山上工作实在是一件令人兴奋的事情，我们可以看到基拉韦厄火山的熔岩流缓缓流淌过地面，而当埃特纳火山每次"咳嗽"时，我们会感受到火山灰轻轻地飘落在头顶。

　　我最喜欢的野外考察任务是在富硅的穹状火山上进行的（火山喷出的极黏稠的熔岩堵塞在火山口内），其中在加利福尼亚州猛犸山附近的因约穹状火山上进行的那次考察给人的印象尤为深刻。当看到金星上那些陡峭险峻的穹状火山的图像时，每个人都会注意到它们与地球上的富硅穹状火山的相似之处。雷达图像可以告诉我们金星上的这些穹状火山的表面更为光滑。为了研究两者的相似程度，我们测量了加利福尼亚州的一些富硅穹状火山表面的粗糙度。猛犸山附近的因约穹状火山大约形成于1000年前的连续硅酸盐喷发。我们很快得出结论，这些穹状火山的表面都极其粗糙，而测量结果也表明它们是地球上最粗糙的地形之一。而它们在现实中对我的影响就是，在短短的一个考察期内，为了翻过那些巨大的火山玻璃岩，我的腿上留下了大大小小的擦伤，一双登山靴也不可避免地报废了，甚至有时还会和棕熊来个擦肩而过。

　　最终我们发现，尽管它们在形态上极为相似，但金星上的穹状火山由硅酸盐构成的可能性极小，因为它们的表面非常光滑，所以它们的形成原因与地球上穹状火山的形成原因在本质上不同。

——艾伦·斯托芬

盾状火山 金星上那些有着陡峭岩壁和平坦顶部的穹状火山（左图）可能由硅酸盐熔岩的喷发而形成，但是它们并没有像加利福尼亚州因约火山（背景大图）那样的凹凸不平的表面。地球上的硅酸盐火山喷发后通常在火山口内部形成穹顶。华盛顿州的圣海伦斯火山和加勒比海的苏弗里耶尔火山均为硅酸盐熔岩在火山内部堆积而形成的穹状火山。1995—2007年，苏弗里耶尔火山数次因熔岩堆积而崩塌，喷发出充斥着火热气体和灰尘的火山碎屑流。这种气体流也称作火山云（发光的云层），可以造成致命伤害。

外太阳系中的冰火山

太阳系外侧行星的卫星主要由冰水混合物组成，因为在40多亿年以前它们形成时，水和冰是这部分太阳系的主要物质。大部分卫星也含有一定量的岩石，因此具备产生内部热量的能力，尽管比太阳系内侧行星的效率要低得多。岩石产生的内部热量与母行星的潮汐引力共同作用，使得这些冰卫星上的火山活动异常剧烈。但当这些火山喷发时，挥发物中除了水蒸气之外还有其他成分，如氨气。这种冰火山喷发称为低温火山作用，其机制虽然奇特，但仍属于火山作用的一种。冰火山的喷发过程与我们所熟知的岩石火山类似，因为太阳系外侧卫星的表面温度极低，其表面的冰层与岩石一样坚硬，而融化的冰也与地球上的岩浆一样，它们从火山内部喷发出来，在地面上蔓延。

木星的卫星木卫二和木卫三都显示出冰火山活动的迹象。木卫三的图像上布满了白色条纹状的流水一般的沟槽特征，它们是由几乎完全纯净的冰水混

海王星最大的卫星海卫一的表面温度是太阳系中最低的，仅有零下235摄氏度。南极冰帽上的黑色条纹是火山间歇式喷发形成的沉积物，而位于赤道附近的光滑区域则被认为是由冰火山喷发形成的。

合物冲刷而成的，这意味着此种地形很可能缘自"冰火山"喷发，但其中的大部分地区有明显的断层，而且缺少火山的其他特征。人们仅在一些区域发现了疑似火山口的低洼地貌。木卫二的冰壳之下存在液态海洋，表面的带状和山脊地形也可能是冰火山活动留下的痕迹。另外，其他行星上火山的典型特征还包括小型的圆形地貌以及光滑的流水状沉积物地形。

土星与太阳的距离是日地距离的两倍，人们在它的几颗冰卫星上都发现了大片光滑的区域，很可能是由冰火山喷出物重新铺设而成的。"旅行者号"传回的土卫四、土卫二、土卫八和土卫五图像中都有大片看上去非常光滑的地区，而"卡西尼号"目前正在对这些区域进行更详细的观测。高分辨率图像显示，土卫二上的撞击坑非常少，但布满了表面冰层开裂后其下物质喷出而形成的条纹状地形。

土星中最引人注目的卫星为土卫六，它也是太阳系的第二大卫星，直径约为5000千米，仅比土卫三小一些。土卫六也是太阳系中唯一拥有云和稠密的氮气大气层的卫星。它的大气层中还含有乙烷和甲烷等碳氢化合物，这些化合物一旦落到土卫六的冰冻表面（零下178摄氏度）上就会成为液体状态。"卡西尼号"搭载的雷达设备可以穿透土卫六大气层的遮挡，观测到它的表面形态。"卡西尼号"传回的第一批图像显示，土卫六表面有许多明显是由冰火山作用而形成的地貌特征。这超出了科学家们的预期，他们原本期望看到一颗冰冻的、布满了撞击坑的古老星球。在雷达图像中，明亮的熔岩流状地貌布满了整个星球表面，那些明亮的圆形边缘看起来像金星上的穹状火山的平坦顶部。土卫六是一颗地质活动非常活跃的星球，甚至可能处于类似原初地球的阶段。

土星活跃的卫星 土星卫星的活跃程度非常惊人，我们可以看到土卫二的羽状喷发柱（背景大图）和土卫六上的冰火山（右图）。美国国家航空航天局发射的"先锋11号""旅行者1号"和"旅行者2号"都曾掠过土星，但只有"卡西尼－惠更斯号"是第一台围绕土星轨道飞行并对它的大气环境、土星环和众多卫星进行深入研究的探测器。共有17个国家参与轨道飞行器的研制和在"惠更斯号"上进行的实验工作。

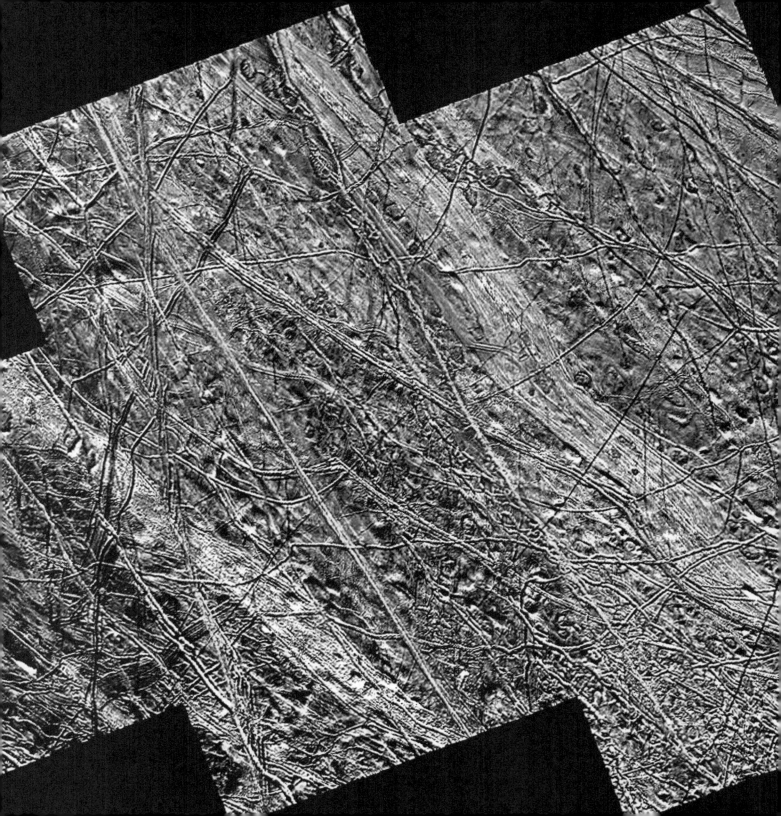

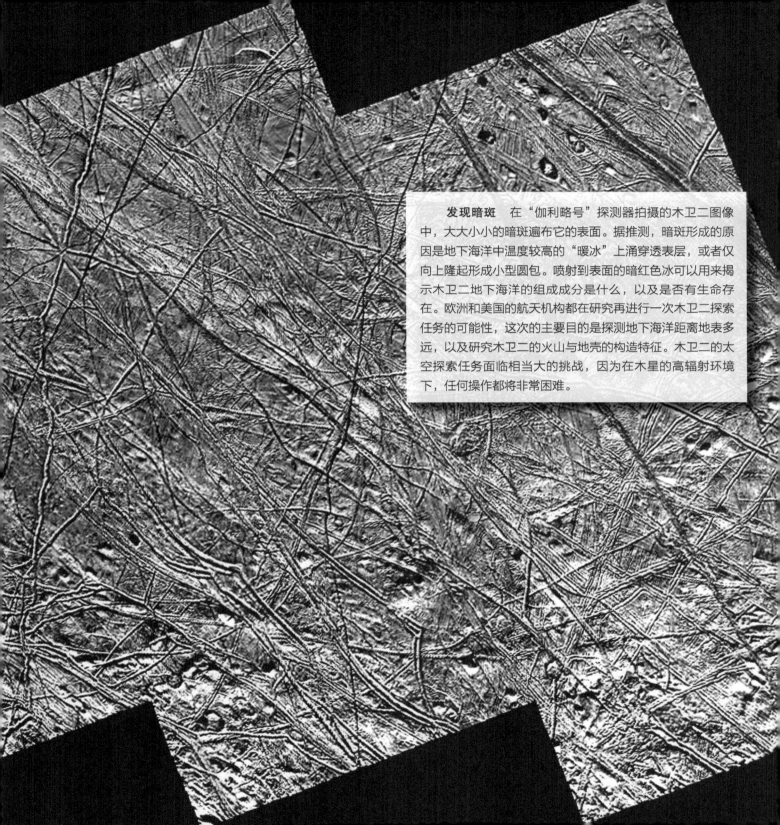

发现暗斑 在"伽利略号"探测器拍摄的木卫二图像中，大大小小的暗斑遍布它的表面。据推测，暗斑形成的原因是地下海洋中温度较高的"暖冰"上涌穿透表层，或者仅向上隆起形成小型圆包。喷射到表面的暗红色冰可以用来揭示木卫二地下海洋的组成成分是什么，以及是否有生命存在。欧洲和美国的航天机构都在研究再进行一次木卫二探索任务的可能性，这次的主要目的是探测地下海洋距离地表多远，以及研究木卫二的火山与地壳的构造特征。木卫二的太空探索任务面临相当大的挑战，因为在木星的高辐射环境下，任何操作都将非常困难。

阴影重重

参见：历史上的火山喷发，第84页

　　不管是高耸入云的盾状火山，还是敦实低矮的岩质穹窿，在各个星球上发现的各种火山类型都说明了在太阳系中火山活动的普遍性。火山好似窥探星球内部的一个窗口，而星球地质活动的活跃程度可以通过火山的数量得窥一二。科学家们通过分析喷射的岩浆及气体的化学成分来了解行星的内部情况。只要行星和卫星的内部能产生一定的热量，它们就会通过火山活动释放热量。这些内部的热量可能来自放射性元素的衰变，也可能缘于木星和土星这种巨行星的引力牵引（内部温度升高）。火山活动的类型主要取决于行星本身是由冰还是由岩石组成的，也取决于其地质过程的复杂程度。因此，在体积较大的岩质行星（比如地球和金星）上，有着各种令人叹为观止的火山地貌。

　　此时此刻在地球上的某个地方可能就有一座火山正蓄势待发，视其危急程度，有可能需要疏散当地居民，他们将失去自己的家园和财产。而在意大利的那不勒斯和美国华盛顿州的西雅图，当地居民时刻关注着附近的火山，深知它们曾经带来的灾难，但不知道它们在将来的哪一天会再次喷发。与金星和木卫一一样，地球上的火山活动十分频繁；因为板块构造运动活跃，热点区域数量众多，我们在所有大陆和海盆上都能发现火山的身影。火山学家遍寻整个太阳系，研究内容包括火山喷发柱的高度、火山喷发对气候的影响、岩浆流经的区域和速度等。虽然我们可能永远都无法阻止一座火山喷发，但是可以提前做好准备，预防生命财产的损失，将灾害的影响降到最小。任何火山活动都有可能对人类活动产生重大的影响，所以我们将目光投向了整个太阳系中的火山，让它们帮助我们理解并最终能够预测这些壮观而又极具破坏性的地质活动。

千钧一发 在冰岛韦斯特曼群岛的赫马岛上,基尔丘山(也称作草帽山)发生了喷发(背景大图)。1973年的这次喷发威胁到了港口城市,迫使很多居民撤离。在连续喷发的5个月中,人们将海水持续泵入熔岩流中,以防止它们堵塞港口。火山喷发逐渐平息后,港口才终于获救。然而这样的景象对一部分人来说,就像天真的孩子在冒着热气的波波卡特佩特火山(上图,位于墨西哥)附近愉快地玩耍一样,当地人或许早已习惯在火山可能喷发的阴影下生活。

第5章
流体的力量

雄伟的雅鲁藏布江流经喜马拉雅山脉进入印度和孟加拉国后（分别改称布拉马普特拉河和贾木纳河），一边灌溉着肥沃的低地，一边与恒河汇合，形成了世界上最大的三角洲。

参见：木卫二的水密码，第180页

太阳系中的水

地球是一颗富含水的星球，其表面的70%被海洋所覆盖。正是水这种物质给我们的星球披上了一层迷人的深蓝色，我们仍然记得数十年前登月者回望地球时的那惊鸿一瞥。地球的陆地上遍布着河流汇入大海时冲刷出来的痕迹，而这些如同鬼斧神工一般的印记就算在太空中也清晰可见。今天美国最迷人壮丽的国家公园之一——科罗拉多大峡谷国家公园就是这股流动的自然之力的杰作，而并非由地震或板块构造运动形成。科罗拉多河在奔向科尔特斯海的途中，花费20余亿年的时间穿透了1600米厚的岩层，并将数十亿吨泥沙送入海洋中。如果你在科罗拉多大峡谷中露营，夜晚可以枕着科罗拉多河湍急的水声入睡，而滚滚河水裹挟着落基山脉的泥沙奔流入海，在沉沉低喃声中不断地蚀去一层又一层河床。

地球距离太阳1.5亿千米，被海洋覆盖的它展现了水这种物质具有改变一颗星球面貌的巨大力量。水是太阳系中随处可见的物质，但只有在地球上，水才能以稳定的气态、固态和液态3种形式共存。过去的金星上可能也存在过海洋，但是失控的温室效应早已将其表面的水分蒸发殆尽。而水星又离太阳太近，远超过沸点的温度瞬间就会将水变成蒸汽。水蒸气随后逸入太空，或者在太阳的辐射下分解为氧气与氢气（后者的大部分不可避免地进入太空）。而对于火星和距离太阳更远的行星来说，其表面温度却太低，无法让水处于液态，或者由于气压太低（甚至无气压），液态水会瞬间汽化。而到了太阳系的边缘，在一些彗星和卫星上水的储藏量极大，但只以冰的形式存在，只有冰能在低温状态下稳定保存上百万年。

地球大气层支撑着水循环系统，液态水变成水蒸气，上升到大气层的上层时重新凝结成液态，以雨或者雪的形式落回地表，最终汇入江河湖海和地下水系统。在这个过程中，没有被汽化的水会流向海洋，在那里每一个水分子的平均寿命为3200年。接着海洋表层的蒸发又重启了这个循环，这个过程被太阳的热量驱动着，永不停歇地改变着地球大陆的面貌。

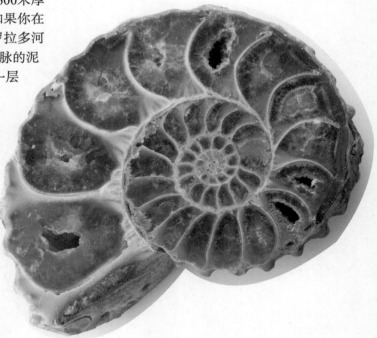

地球上的海洋中同样生机勃勃，这一菊石化石就是例证。菊石与现代乌贼有亲缘关系，曾在远古海洋中大量繁殖。

土卫六上的湖泊

　　水像一位雕刻家，塑造了地球上各种各样的地貌形态。从水蒸气凝结成水滴降落到地面上开始，这股力量就再也没有停歇。犹他州的脏魔河是科罗拉多河的一条支流（背景大图），它那弯弯曲曲的河床很好地佐证了水的巨大力量。土卫六的地貌同样被流体所改变。土卫六北极附近的暗色区域（见"卡西尼号"所拍摄的雷达图像）其实是碳氢化合物湖泊，其中一些甚至比苏必利尔湖还大。土卫六上有极其活跃的甲烷循环过程——整个循环由甲烷主导而不是水，同时土卫六的大气中含有6%的甲烷成分，地表蒸发的甲烷随后又以降雨的形式落下。阳光分解甲烷气体，产生了其他有机化合物（如乙烷、丙烷）和烟灰状的固体颗粒。科学家们推测，正是这些液态碳氢化合物破坏了土卫六冰冻的表面，并且渗入地下或者汇入湖泊，随着温度的升高，甲烷蒸发，整个甲烷循环一遍又一遍地在这颗星球上重演。

伟大的自然之力

参见：火星上的"运河"，第110页

在地球上的至高点（如安第斯山脉和喜马拉雅山脉），板块构造运动的力量推动地壳上斜，才有了高耸入云的陡峭山峰。山峰的高处终日被冰雪覆盖，融化的雪水渗入山上的每一条裂隙和石缝，而当温度下降时又再度结冰。水变成冰时体积变大的特性使其变成分子楔子，这股力量足以撑开裂隙和石缝。这在地球的每一座高山上无时无刻不在发生。一旦岩石松动，融化的雪水就会将碎屑冲下山，最后沉积在山谷或海洋中。

起初只是一股股混杂着泥沙的涓涓细流，它们在途中相遇汇成大河，河水不停地冲刷着河岸，最终奔向大海。

河流平均每年能够搬运200亿吨泥沙碎石，每过1000年就能把地球大陆削低2.5厘米。冲刷下来的碎屑最终会堆积在冲积平原、三角洲、近海大陆架和深海海底。流水的侵蚀作用在全球都很常见，它快速改变着地貌，所以在年岁如此悠久的地球上，大部分地貌景观的年龄都不超过几百万年。溪水和河流是改变地球面貌的主要力量，其他自然力量（如板块构造运动、火山活动和天体撞击）留下的痕迹最终都会被水流冲刷殆尽。除了地球，邻近行星的面貌主要由后几种自然力量塑造。

河谷的发育取决于地下岩层和谷坡的形态结构。在幼年时期，河流经过隆起的山坡时，会切割出陡峭的V形河谷。河谷坡度较大，水流湍急，甚至能够形成瀑布，冲刷着坚硬的岩石。在壮年时期，河流变得蜿蜒曲折。在支流的补给下，河流两岸被侵蚀成阶地，河道变得更宽，河水流速变缓，无法带走石块以及其他沉积物，它们逐渐沉积到了河底。而到了老年时期，河水更加充沛，冲刷出平坦的谷底，形成的河道更加宽阔而曲折。在抵达大海之前，发育成熟的河流沉积下所携带的大量泥沙，形成广阔的三角洲地带。周期性的洪水会形成天然的堤坝，而发育成熟的河道突然改道断流后也会形成牛轭湖。

水的作用　像密西西比河这样的大河（背景大图）在河口冲积平原（三角洲沙洲）上沉积了大量泥沙，形成新的土地。现代防洪堤坝的出现减少了泥沙淤积，避免了上千公顷的湿地被洪水淹没。

冰川和冻融循环作用会逐渐侵蚀极地附近岛屿上的古老岩石，如巴芬岛(左图左上角)。到了夏季，冰雪融化后的水流将沙砾带入大海。

地球上的大江大河

参见：雅鲁藏布江，见第102页和第103页图片

陆地上大部分被流水侵蚀的物质都由河流带入大海，所以我们有必要弄清楚地球上的河流有哪几种类型。流经印度的布拉马普特拉河和流经孟加拉国的恒河是较为年轻的河流，其源头是喜马拉雅山脉的融水。那里的侵蚀活动异常活跃，导致了猛烈的季风以及山体滑坡，每100万年就会带走3~6千米厚的岩层。因此，这两条河流每年在孟加拉湾交汇处的三角洲地带沉积下来的泥沙大约是亚马孙河的20倍。

漂流人员与科罗拉多河满是泥沙的激流搏斗，穿过赫米特急流。科罗拉多高原被科罗拉多河蚀刻出1500米深的峡谷。

密苏里河下游是一条中年河流，它穿过达科他州的荒漠，流经高原地带时切割出高耸的悬崖峭壁。密苏里河汇集了落基山脉北部的支流，它在圣路易斯与密西西比河交汇，河水中携带的大量泥沙碎石也进入了密西西比河。密苏里－密西西比盆地是世界第二大盆地，仅次于亚马孙盆地。

密西西比河和亚马孙河是成熟河流系统的代表，它们向平原地区运送了大量的淡水与泥沙。由于安第斯山脉径流和南美内陆地区热带降雨的补充，全流域长达6440千米的亚马孙河每年将全世界1/5的淡水送入大西洋。密西西比河和密苏里河每年送入墨西哥湾的水量只有亚马孙河的1/6。在密西西比河下游，平坦的冲积平原上布满了蜿蜒曲折的河道，也留下了很多过去洪水泛滥的痕迹和牛轭湖。几千米厚的泥沙沉积物重重地压在了大陆地壳上，它那一直延伸到墨西哥湾的三角洲地带是宇航员在空间轨道上最容易辨认的地形之一。在今天，像密西西比河这样的成熟河流系统仍处在不停的变化中，孕育出新的河道和新的三角洲。

不管是在地球上还是在太阳系的其他行星上，一颗行星上如果有河流，就必定会发生洪水。地球上季节性洪水频发，因为在每年的雨季，春季融雪和季风都会带来大量的水，超出了河道的载流能力。洪水会冲刷出新的河道，从上游带来巨量的沉积物，在下游冲积出新的岛屿和天然堤坝，并给两岸的土地带去大量泥沙。密西西比河大约每10年发生两次洪水；1993年春季多雨，发生了一场特大洪水，冲垮了无数堤坝，淹没了圣路易斯地区。在南亚次大陆，受季风影响的恒河和贾木纳河的洪水经常淹没孟加拉国的许多低洼地区。由于洪水定期淹灌会带来新的肥沃的泥沙，洪泛平原不仅阻挡了破坏性洪水的肆虐，而且也变成了适宜物种生存的栖息地。

在地球上的任何地方，我们都能看到流水创造的景观：海滩、干涸的湖床、被洪水侵蚀的沟渠和峡谷、布满沙砾的辫状河道、洪泛区、冲积扇、台地和宽广的河道。这样的景色在地球上随处可见，以至人们甚至觉得习以为常，但它们是水循环和侵蚀作用的结果。所以，当在其他星球上看到这些熟悉的地形时，行星地质学家就会惊讶于地球不是唯一存在水流侵蚀作用的星球。火星是我们发现的第一颗有水侵蚀作用的行星。

河流交汇 3条河流在密苏里州的圣路易斯市交汇，它们是密苏里河（背景大图左下）、密西西比河（背景大图左上）和伊利诺斯河（背景大图左中）。1993年大雨之后，密西西比河上游发生了有记录以来最大的洪水。洪水冲毁了密西西比河流域的堤坝系统（右图）。"陆地卫星5号"拍摄了1993年8月圣路易斯市附近发生的洪水，当时水位刚刚达到峰值。图中的深蓝色区域是水，绿色为状况良好的植被，而荒芜的土地和新冲刷露出的土壤为橙色，灰色是混凝土建筑，深褐色部分为洪水退却后露出的被冲刷过的土地。洪泛平原上的许多建筑物被洪水冲毁。

火星上的 "运河"

参见: 火星上的水, 第116页

　　20世纪初，天文学家帕西瓦尔·罗威尔绘制了火星表面的图像，但他夸大了这颗红色星球的 "运河" 特征。1965年 "水手4号" 拍摄了火星的照片，照片中展示了一个荒无人烟的世界，粉碎了人们找到火星人的希望。而到了1971年， "水手9号" 发现了一处小型河网，表明曾经有水流流向那些大型峡谷。这些细窄蜿蜒的河道的支流与地球上的自然河谷系统极为相似。行星地质学家认为，降雨或山泉所形成的水流经过地表，形成了一种典型的陆地河谷网络侵蚀地貌。火星的极地冰冠很可能储有冰水混合物以及冰冻的二氧化碳（干冰），今天火星冰冷的地表下或许仍有液态水存在。

　　这些狭窄的河谷（宽度小于1600米）、错综复杂的支流结构以及河道向下游延伸时逐渐变宽的情况都说明，它们是流水缓慢侵蚀作用的结果，而不是由突发的洪水所导致的。在火星目前的表面环境下，液态水无法在这些河道中流动，因为它们会迅速冻结并升华散逸到火星稀薄的大气中。所以，以这些河谷为代表的水流缓慢侵蚀作用特征表明，过去的火星气候更为温暖，大气压也更高。根据这些河谷主要在火星上较为古老、陨石坑较多的高原上出现，我们可以得出一个结论：在很久以前，火星表面的温度更高，很可能能有液态水在表面流动。

　　但这种舒适的气候并未持续很久。在火星上发现的这些数量巨大的河谷并没有成长为宽阔的河道，也没有打通支流网络将所有河道的流水汇集起来。数十亿年前火星地表有降雨和径流的时代已经结束了，随后大气环境发生了变化，地表水存在的可能性消失了。

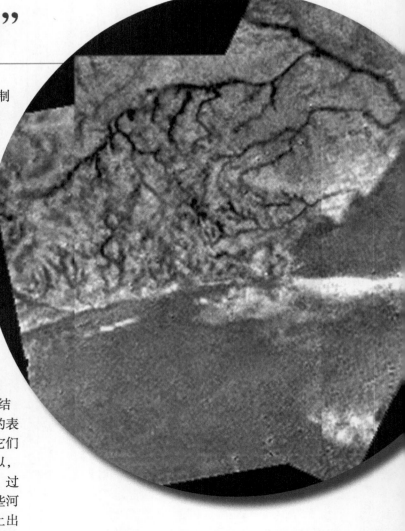

"惠更斯号" 探测器拍摄了土卫六上与地球地表惊人相似的河道和湖床特征。甲烷雨可能在土卫六表面侵蚀出了这条蜿蜒曲折的河床（顶部的深色河道），而深色部分（底部）看上去似乎很光滑，像是一处干涸的湖床。

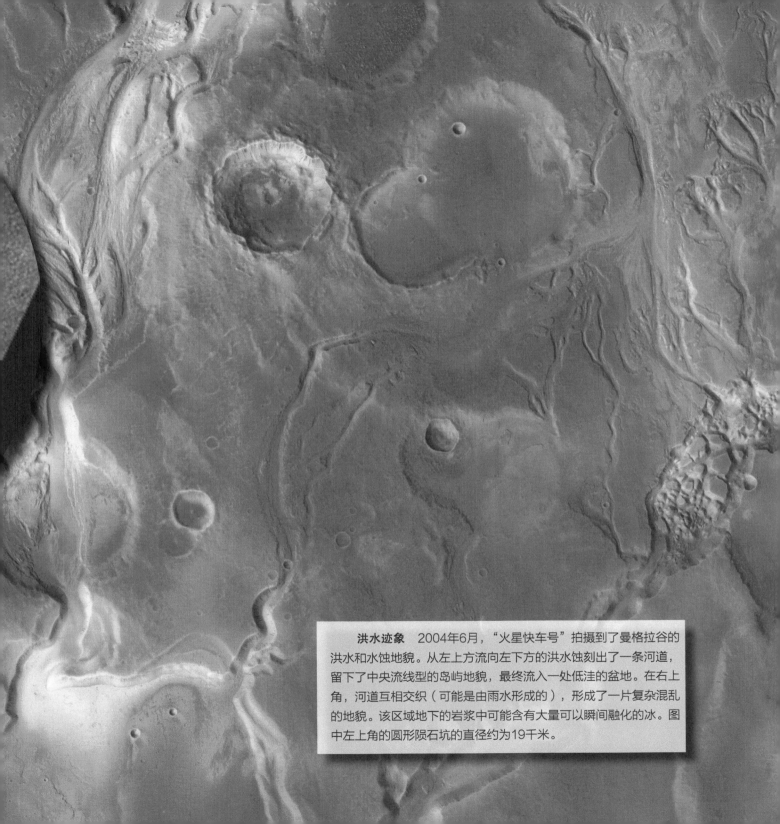

洪水迹象 2004年6月，"火星快车号"拍摄到了曼格拉谷的洪水和水蚀地貌。从左上方流向左下方的洪水蚀刻出了一条河道，留下了中央流线型的岛屿地貌，最终流入一处低洼的盆地。在右上角，河道互相交织（可能是由雨水形成的），形成了一片复杂混乱的地貌。该区域地下的岩浆中可能含有大量可以瞬间融化的冰。图中左上角的圆形陨石坑的直径约为19千米。

洪水:大自然的"雕刻师"

参见:火星上是否存在生命,第178页

太阳系中最大的峡谷(根据它的发现者"水手9号"命名为水手峡谷)是一条横跨火星赤道区域的构造裂谷。但是,水手峡谷部分区域的特征以及遍布火星表面的数十条大型河道,都表明它们是由洪水冲刷而成的。这些河道位于洼地之上,两岸是混杂着河床基岩的峭壁。一些河道从有着复杂地貌的河源地开始发展,延伸数千千米,最终在北半球高纬度地区的一些低洼平原上交汇。火星上的河道几乎没有支流,仿佛突然从河源地冒出了一股洪水奔流而下。引人注目的弯曲河道、冲刷痕迹以及泪滴状的河心岛是火星上河道的3个重要特征,它们与地球上的溪流流经砂质地貌时留下的痕迹一样。唯一不同的是火星上的河道能够运载的水量特别大,如阿瑞斯河谷河道的峰值流量是密西西比河的1000倍。

什么引发了这些大规模的洪水?地质学家注意到火星上的河道与华盛顿州东部的大型洪灾留下的痕迹有相似之处,但和位于太平洋西北角的河道疤地有所不同。这块区域是在最近的冰期中冰川大坝崩塌后形成的,而火星上的河道更像地下水突然喷发后留下的痕迹。地下水喷发的原因可能是永冻土下的压力不断增大以致最终突破极限,也可能是冻土层突然断裂,甚至是发生了小行星撞击。巨量高压地下水冲出地表时,上层的岩层与泥沙坍塌,留下了犬牙交错的岩石块,造成了巨大的洪水冲刷痕迹以及流线型的河心岛。洪水流经一些天然的岩石屏障时会短暂形成湖泊;而当洪水行进的步伐阻挡不了时,一场灾难性的洪水就发生了。在水手峡谷的峭壁上发现的湖泊沉积物表明,洪水曾在峡谷中一些天然堤坝存在的区域形成临时性湖泊,但最终仍冲破了堤坝,在峡谷河道内奔腾肆虐。

与马达加斯加贝齐博卡河三角洲的辫状岛屿(右侧)相似,阿瑞斯河谷是众多发源于火星南部高地混沌地形的洪道之一(下方)。图中的这些"岛屿"有十几千米长,是由洪水冲积而成的。同时,洪水还在河床上留下了平行的槽沟特征。

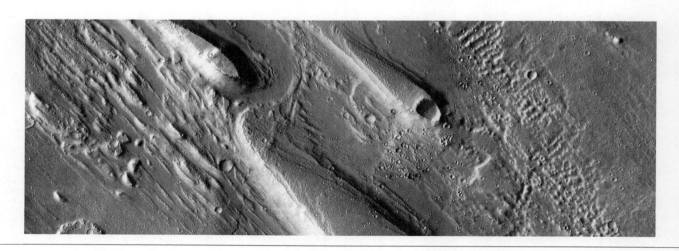

远古湖泊

参见：火星上是否存在生命，第178页

当火星洪水流到洼地时会发生什么？火星轨道探测器在火星上发现了许多具有分层结构的湖泊沉积物和阶地，它们似乎曾被宽阔的湖泊甚至浅海淹没。

火星上的大多数层状岩石（看上去与地球上由水下沉积物形成的岩石相似）都位于大型陨石坑内，而这些陨石坑很可能长期被洪水淹没。这些层状岩石是典型的湖泊或浅海沉积物类型。科学家们无法根据图像分辨这些沉积物的来源：是洪水带来的沉积物，还是化学过程中析出的沉淀物，抑或是被火星风吹来的尘埃？今日从崖壁上的层状岩石上侵蚀下来的物质都是颗粒状的土壤或尘埃，而非大的石块，所以这些层状岩石可能是由颗粒较小的黏土或泥沙构成的。赫伯斯峡谷（左图）似乎在形成后的一段时间内都有水存在，而且持续到了火星气候变得潮湿、或许适合生命生存的时候。地质学家和天文学家希望从这些火星沉积物中获取更多关于火星气候变迁历史的信息，知晓更多关于火星是否适合生命生存的秘密。

一名男子正在智利阿塔卡马盐沼的干盐滩（右图）上奔跑，这是一个古老湖泊留下的层状沉积物。火星上深达8千米的赫伯斯峡谷的台地可能形成于湖底沉积物，岩石层可能是由洪水带来的泥沙沉积而成的。

大盐湖

    犹他州的大盐湖是更为辽阔的博纳维尔湖残留下来的水体。博纳维尔湖大约形成于32000年以前，消失于14000年前。随着地球上凉爽湿润的气候逐渐变得干燥，湖水的蒸发速度超过了径流与降雨对湖水流量的补充，水体面积变小，曾经的淡水湖也变成了咸水湖。现今的大盐湖每年流入200多万吨矿物质，湖中溶解了45亿吨盐，南端的平均盐度超过了13%，人们可以轻易地漂浮在湖面上。大盐湖的面积约为4000平方千米，随着季节的变换，水体面积时大时小。当地的地质断层导致大盐湖盆地缓慢下沉，湖底堆积了约3600米厚的淤泥。如果湖床将来被构造活动抬升露出地表，受到侵蚀作用后的沉积层将告诉科学家们更多关于气候变化的历史。这不仅有助于我们进一步了解地球的历史，而且或许有助于了解火星上的赫伯斯峡谷层状沉积物的成因。

火星上的水

参见：火星上的"运河"，第110页

在火星轨道上运行的"火星全球勘测者号"探测器于1997年至2006年间，多次拍摄了火星陨石坑壁上的一些年代较近的沟渠的特征，并进行了地质勘测。最初的照片显示这些沟渠最近才出现，但从中不能看出流水侵蚀的作用。2006年11月，研究者对比了5年间拍摄的照片，发现这些沟渠发生了明显的变化。最简单的解释为，在水流的作用下，底层物质得以露出。水可能来自陨石坑壁的内层，流速较快，在蒸发之前将碎屑冲到了陨石坑底。当然，这并不是证明流水侵蚀作用的直接证据，但确实证明了水流仍在改变着火星地表。在将来的火星探索任务中，探测器、火星探测车甚至人类登陆的首要研究目标就是这些地区。

尽管火星探测车在火星平原上进行的为期4年的勘测中并没有发现任何流水侵蚀的迹象，但它们还是找到了水曾经存在的证据。在"机遇号"火星探测车采集回的岩石样本中，人们发现了黄钾铁矾，而这种矿物通常由富含硫酸盐的静水饱和析出。"机遇号"还发现了数千个被称作"蓝莓"的小球体、矿物质形成时产生的典型岩石空洞以及长期含水的地层中出现的溶解现象。"机遇号"的着陆地点子午线高原上的岩床曾被盐水浸泡，这层岩床也许曾经是含水层，或者像犹他州的大盐湖一样曾为浅海海底。今日，含有盐分的地下水可能还存留在地表以下，以渗漏或侵蚀出细小沟渠的形式溢出地表。"火星快车号"探测器在2007年探测到火星南极的冰冠中存在冰，储量足以将整个火星淹没在9米深的水下。

地球上以水为主导的地质学与矿物学知识的积累使得我们能够洞悉火星的部分历史。从火星早期的大洪水到现在液态水的踪迹若隐若现，我们终于知道火星的一些过往以及它作为生命港湾的可能性——能否成为第二个地球，关键是有没有水。

从2001年到2005年，在火星陨石坑壁上我们发现了明显的地质变化。对于图中的明亮部分，最可能的解释是地下涌出的一股盐水冲刷出了一条小型沟渠。然而，2007年的一项研究成果表明，干燥沉积物的简单滑动也能够造成如此明显的变化。

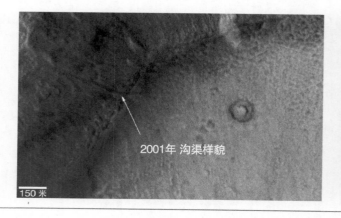

2001年 沟渠样貌

150 米

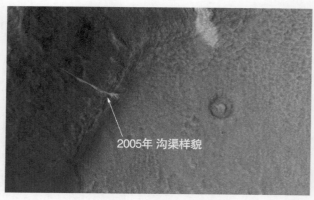

2005年 沟渠样貌

发现"蓝莓" 在犹他州南部的大升梯国家保护区中，纳瓦霍砂岩表面散落着弹珠大小的卵石——结核状的赤铁矿石。这些卵石是风和水共同侵蚀了周围较软的砂岩后聚积起来的。2005年，"机遇号"火星探测器的显微成像仪拍摄到了所谓的"蓝莓"，这是一种嵌在岩床中、散落在火星各处岩石表面的数量巨大的矿石。它们的出现说明了子午线高原的岩床曾浸泡在饱和的矿物质液体中，只有在这种环境中才能形成球状矿石。

冷湖

在太阳系中火星以外的区域，因为温度太低，水无法在星球表面维持液态。例如，在木星的那些冰冷的卫星上，地下水可能会通过地壳中的细小裂缝到达地表，这些区域短暂被水淹没后再次冻结。但由于无法长时间保持液态，水无法流动，从而改变地表地形。"卡西尼–惠更斯号"探测器最终揭示了土星最大的卫星土卫六被云雾遮蔽的地形细节，结果出乎人们的意料。

2005年，"惠更斯"探测器飞入土卫六的上层大气，弹出降落伞，首次穿过厚厚的大气层。当时一些科学家认为它可能会溅落到碳氢化合物海洋中，而另一些人则认为土卫六有一个坑坑洼洼的冰冻表面。但探测器向我们展示了一幅复杂的地形景观，拍摄到了一些蜿蜒曲折的河谷，它们显然是由某种流动的液体侵蚀而成的。

这种流体会是水吗？土卫六的表面温度低至零下178摄氏度，水无法保持液态。但甲烷的熔点低于这个温度，它从大气中以降雨的形式落下，在土卫六的冰冻表面聚积成池塘。"惠更斯号"拍摄的图像显示，在它的着陆点附近有一个山脊，其上有十数条深色的"小道"或"河流"。而附近的高地被一个更复杂的河道系统环绕，支流汇入更大的溪流，最终流入深色、平滑的谷底。"惠更斯号"降落在由土壤和卵石组成的坚实陆地上，但它的仪器探测到一股甲烷（很可能是从饱和的沙子中涌出来的）。径流河道的出现意味着液体降雨（可能是甲烷"雨"）或泉水周期性地侵蚀着土卫六冰冻的地表，就像地球和火星上的水流作用一样。土卫六的河道可能类似于地球上干旱地区的河道，通常依靠季节性的暴风雨改变地貌。

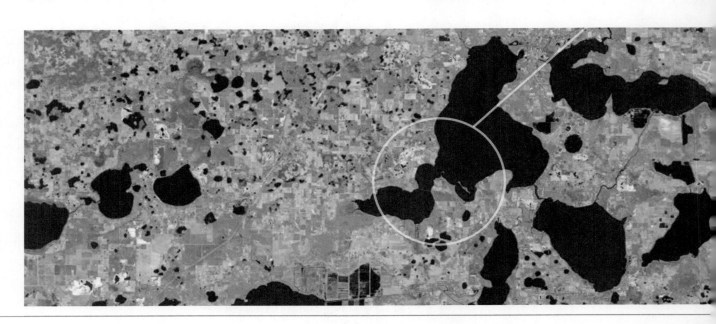

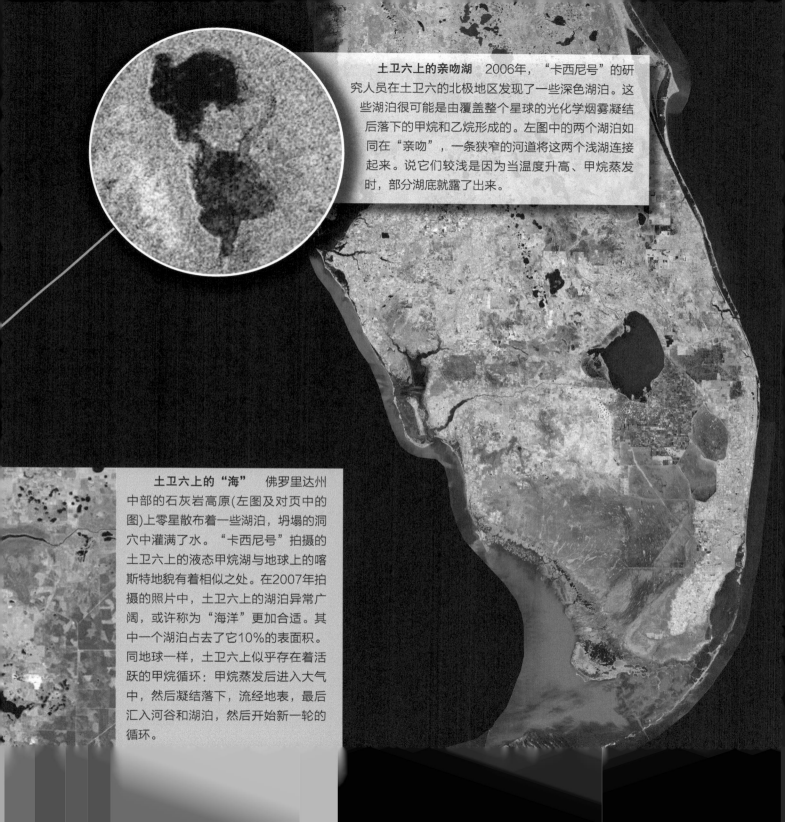

土卫六上的亲吻湖 2006年，"卡西尼号"的研究人员在土卫六的北极地区发现了一些深色湖泊。这些湖泊很可能是由覆盖整个星球的光化学烟雾凝结后落下的甲烷和乙烷形成的。左图中的两个湖泊如同在"亲吻"，一条狭窄的河道将这两个浅湖连接起来。说它们较浅是因为当温度升高、甲烷蒸发时，部分湖底就露了出来。

土卫六上的"海" 佛罗里达州中部的石灰岩高原(左图及对页中的图)上零星散布着一些湖泊，坍塌的洞穴中灌满了水。"卡西尼号"拍摄的土卫六上的液态甲烷湖与地球上的喀斯特地貌有着相似之处。在2007年拍摄的照片中，土卫六上的湖泊异常广阔，或许称为"海洋"更加合适。其中一个湖泊占去了它10%的表面积。同地球一样，土卫六上似乎存在着活跃的甲烷循环：甲烷蒸发后进入大气中，然后凝结落下，流经地表，最后汇入河谷和湖泊，然后开始新一轮的循环。

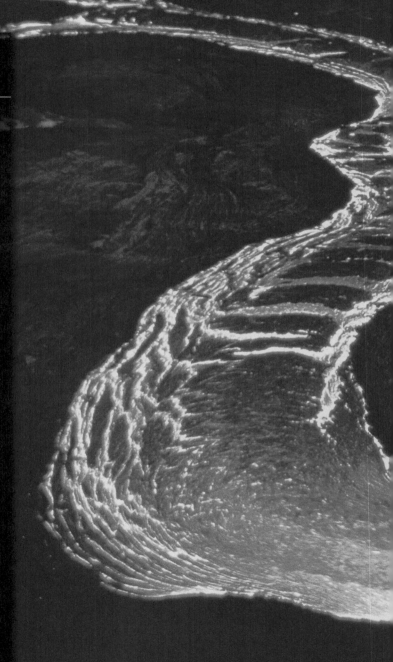

燃烧的山谷

或许有人认为土卫六上的甲烷湖泊是太阳系中最奇特的流体地形，但地质学家发现另一种罕见而强大的流体力量也改变着行星的地表景观，这就是火山喷发和熔岩蔓延的力量。被高温熔化的岩石（称为熔岩）会在重力作用下向低处流动，形成令人叹为观止的熔岩流。

我在夏威夷基拉韦厄火山上进行训练时，曾徒步穿过这样的熔岩流。同时，我们的"空间雷达实验室"扫描了整个地球上的盾状火山，我们将发现的地质特征与在其他岩质行星上发现的火山特征进行比较。月球上的一些月溪很可能是曾经的熔岩隧道或熔岩流，流淌的熔岩最后冷却形成了今天的月海。"阿波罗15号"宇航员在一个大型月溪——哈德利月溪旁着陆。他们站在峭壁边缘，拍摄了对面峭壁上出露的玄武岩层。但是峭壁太陡峭，无法攀爬上去取岩石样本。哈德利月溪的宽度大约为1.6千米，深度为300米。它在33亿年前形成，当时熔岩流熔穿了几个更古老的熔岩层。在今天，月球上的部分位置仍保留了圆顶，这些地方成为熔岩洞穴或熔岩隧道。由于大型熔岩流喷发，再加上月球上的重力较小，月球熔岩流造就的熔岩山谷的规模令地球上的熔岩山谷相形见绌。

月球的熔岩流大约在20亿年前就已经停止了流动，但金星今日的地表可能仍被熔岩改变着。金星的雷达图像显示了200多处熔岩流，大多数都出现在大型熔岩喷发地和平缓的火山上，但是在其中的50余道痕迹附近找不到任何火山的踪影。其中一些看上去像年代久远的已被截断的河道或弯流，和地球上的成熟河谷相似，很可能是由连续的熔岩流形成的。有一道熔岩流比尼罗河还长——长约6800千米，也是太阳系中目前已知最长的熔岩流。

——汤姆·琼斯

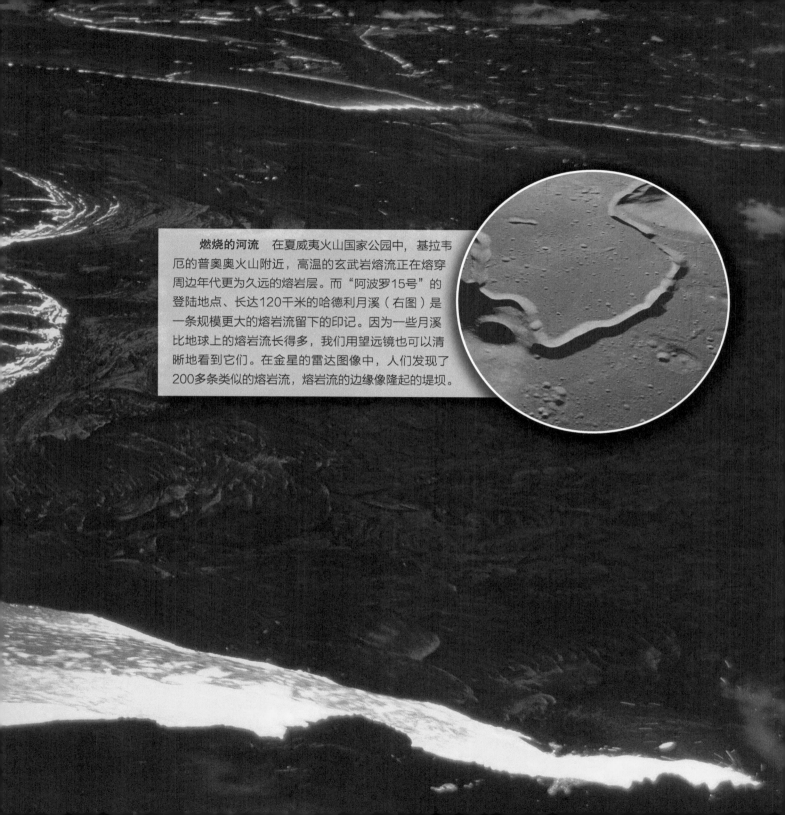

燃烧的河流　在夏威夷火山国家公园中，基拉韦厄的普奥奥火山附近，高温的玄武岩熔流正在熔穿周边年代更为久远的熔岩层。而"阿波罗15号"的登陆地点、长达120千米的哈德利月溪（右图）是一条规模更大的熔岩流留下的印记。因为一些月溪比地球上的熔岩流长得多，我们用望远镜也可以清晰地看到它们。在金星的雷达图像中，人们发现了200多条类似的熔岩流，熔岩流的边缘像隆起的堤坝。

参见：木卫二的水密码，第180页

水世界

  不管是金星、月球还是土卫一，改变它们地貌的不是水而是滚烫的熔岩。但金星和月球上的熔岩流仅仅改变了很小一部分地貌，熔岩的力量无法与水相比。行星上的熔岩流只有有限的几个来源，并且只流淌相对短暂的一段时间，而水循环对地球的改造已经持续了数十亿年。

  我们在太阳系中各种有趣的天体上都找到了液体流动的证据。我们看到从土卫二冰冻地壳的缝隙里喷射出的液态水或冰晶，也推测出木卫二坚硬的冰壳下藏着一个地下海洋。土卫六的冰冻表面下或许也有地下海洋，因为土星巨大引力的牵引而保持液态。即便是小行星中的老大——谷神星，在其坑坑洼洼的表面之下也有含水的岩层。但是水和其他容易挥发的化合物（比如甲烷）都需要稠密的大气环境才能够在地表长时间保持液态，从而产生侵蚀作用。土卫二、木卫二和谷神星都没有大气层，所有到达表面的水都会被立即冻结或迅速升华散入太空，它们无力改变这3颗星球的环境。

  水也许是生命出现的先决条件。如果地球上没有水，那么现在就不会有人在此研究水的侵蚀作用如何改变了地球。地震引发的海啸会冲毁人口密集的海滨城市，河流会带来数百万吨淤泥，冲刷出巨大的三角洲。水塑造了地球上无处不在的沉积岩床，它们滋养了无数农田，也是城市生活的基石。而突发性洪水一夜之间就能够夺去无数生命，让熟悉的风景面目全非。无论是深邃的大峡谷还是火星洪道上古老而荒芜的河心岛，我们总能最先辨认出这是水流的作品。或好或坏，在我们现在生活的星球上，水的角色一直没变。

在这张由航天飞机在执行STS-80任务时拍摄的照片中，夏威夷以西的太平洋一片宁静祥和。

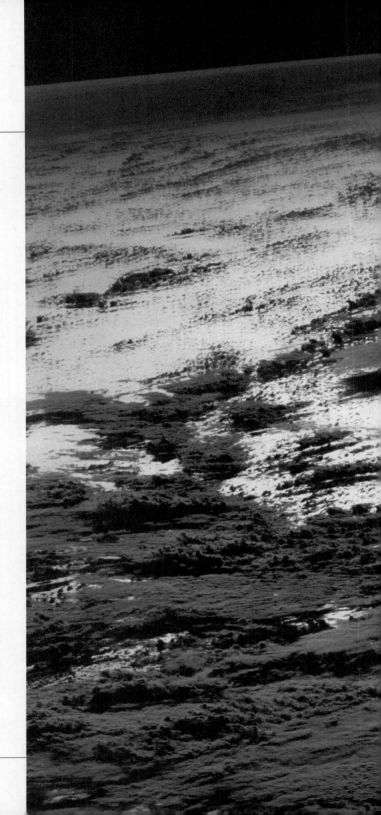

势不可当

　　地球作为一颗水星球所具有的柔美与张力在宇航员的眼中一览无余：波光粼粼的海洋、湖泊和河流，在大陆之间不停地移动着的大洋涡流，暴风雨来临前的乌云。风暴掀起的巨浪和地震引发的海啸都是不可抵挡的力量。2004年12月，一场里氏9级的地震将印度尼西亚附近的一大片海床震裂，引发了一场巨大的海啸。海水冲向海岸，随后回撤的力量摧毁了苏门答腊岛海岸边的一个村庄(上图)。约22.5万人在这场灾难中死亡。在火星上，肆虐的洪水曾冲蚀出峡谷，将陨石坑变成湖泊，甚至临时制造出了一片海洋。我们今天探索火星的主要目标是寻找水的来源，以及可能储存有水的地方。如果火星南极冰冠融化，那么整个火星就会被淹没在10米深的水下。我们在火星上的中纬度和高纬度地区的许多陨石坑中都发现了喷射覆盖物——一层层撞击碎片，这表明撞击出的是由岩石和泥浆组成的混合物。火星地下的永冻层还保留着这种陨石坑特征，而我们推测冻土中可能仍储有大量的水。"凤凰号"火星探测器于2008年5月25日在火星北极点附近着陆，它测量了极地地区土壤的含水量，并采集了永冻土样本。

第6章
冰雪世界

贝琳达火山喷出的火山灰将南极附近的南桑威奇群岛的一座冰山染成了黑色。虽然我们没有在其他行星上找到企鹅，但能看到熟悉的冰雪景象。

冰河时代

参见：冰的未来：气候变化，第144页

假设两万年前人类就能从太空俯瞰地球，那么看到的不是我们现在熟悉的有着白色两极的蓝色星球，而是冰原一直从北极点延伸到五大湖地区，北欧的大部分地区都被冰雪覆盖的景象。在地球漫长的历史中，冰川在地球表面周期性地前进和后撤，每次改变都会影响全球气候，甚至导致物种灭绝。最后一个冰河时代大约结束于1万年前。时至今日，地球上的冰原主要集中在两极和格陵兰岛；虽然许多高山冰川正在融化，但在各大洲和冰岛上都还有冰川的踪影。两极冰盖和其他地区的冰川中储有地球上大约90%的淡水，如果它们全部融化，地球的海平面就将上升70米。

在冰河时代，物种必须适应更大范围的冰雪环境和更低的气温。猛犸生活在距今约480万年至1万年前，在最后一个冰河时代的末期灭绝。

冰在太阳系中普遍存在，我们已经在水星、月球以及木星、土星、天王星和海王星的冰卫星上探测到了冰。虽然目前只有火星双极有清晰可见的极地冰盖，但其他火星图像也显示火星上曾有过冰川活动的迹象，甚至有人猜测火星上曾有冰冻的海洋。

地球极地区域是一望无际的冰原（由降雪经多年堆积压实而成），冰原的形状不受所处地形的影响。雪飘落到冰原上，经过长年累月的压实和结晶，就形成了冰层。底部冰层的年代相当久远，南极冰层的核心部分甚至可以追溯到75万年以前。科学家们通过冰层中冻结的一些古代大气的气泡来研究地球大气如何随着时间变化。冰原巨大的重力导致地壳向下弯曲，甚至引起地壳下沉。格陵兰岛中心地区在冰原的重压下沉降到了海平面以下，有些地方的冰层甚至厚达3千米。当冰原融解、压力消减后，地壳下具有塑性的软流圈就会回升。这一过程也被称作地壳均衡回弹。

任何行星的极地区域都只能接收到来自太阳斜射的间接光照，因此这些地区永远无法变得和赤道区域一样"温暖"。地轴的倾斜使得极地在冬天出现极夜，温度进一步降低。长期的严寒环境使两极形成了永冻冰冠。南极冰冠（大陆冰川）覆盖了整个南极大陆，而北极冰冠则将北冰洋囊括其中。冰冠边缘的海冰在夏季会逐渐融化，到了冬天又再度结冰。冰冠的形状与面积受地球气候变化的影响，两极冰冠一度几乎消失，也曾经延伸到了中纬度地区。但因为现在全球变暖，两极冰冠的面积都在缩小。

我们也发现火星的两极有冰冠存在。火星冰冠的主要成分是水与干冰，其中北极冰冠几乎全部是水冰，而南极冰冠大约90%的成分为水冰。冰冠被极地地区的层状沉积物（一些由岩石、碎屑与冰混合而成的堆积物）所环绕。两极冰冠的大小相似，厚度约为3千米，直径约为1000千米。每年冬季，火星的两极能够从大气中获得几米厚的干冰，而到了夏季，干冰又直接升华散入大气之中。火星上的温度无法使两极冰冠融化，但是较低的大气压会促使冰升华。

极地探索

由于长距离的冰上航行困难重重，直到20世纪人类对地球南北极的探索才有了新的进展。南极夏季的平均气温仅为零下24摄氏度，而北极夏季的气温要高得多，约为0摄氏度。第一个成功带领探险队到达南极的人是罗尔德·阿蒙森，他们于1911年12月14日第一次踏上南极的土地。他比罗伯特·法尔肯·斯科特率领的英国探险队早一个月抵达目的地。直到阿蒙森安全返回后，斯科特和他的4个同伴才刚刚到达极地，但很遗憾，他们在回程途中死于冻伤和坏血病。1914年，欧内斯特·沙克尔顿试图经过南极点穿越南极洲，只可惜他的船"坚忍号"被困在冰川中，随后沉没，但沙克尔顿奇迹般地救了所有船员。北极的探险也艰苦异常。1895年，挪威探险家弗里德霍夫·南森和弗雷德里克·约翰森抵达了离北极只有几纬度的地方。1908年4月，由美国人罗伯特·皮里带领的探险小组首次真正到达了北极，虽然这一说法目前仍然存在争议。

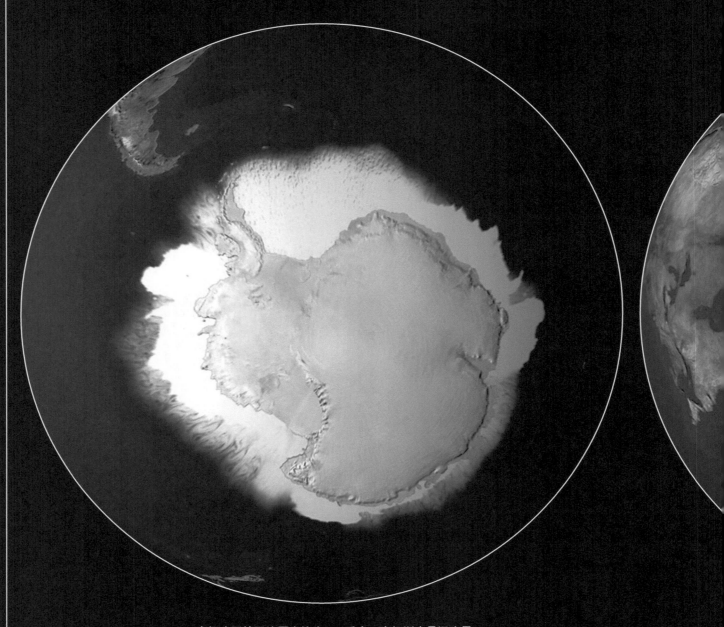

南极冰层的平均厚度约为2.25千米，南极洲也是温度最低、风力最大的大陆。

地球的两极位于假想的自转轴与地球表面的交点。地球的自转轴并不是一直不变的，它每年都会在数米范围内摆动。更让人困惑的是地球的两极与磁极并不重合。地球的磁极与磁场一直在缓慢变动，它们每年的变动幅度最大可达14.4千米。根据磁极的定义，磁极位于地球磁场矢量方向垂直于地表的区域，所以磁极的位置随着磁场的变化而变化。磁场的方向或称极性也会改变。在地球历史上，磁场的北极与南极曾多次交换，而原因尚未探明。距今最近的一次转变发生在78万年前。在过去的150年间，地球磁场的强度一直在减小，而最近减小的速度有所增加。

人们认为地球的磁场强度在磁极倒转前会一直减弱，直至为零，然后再缓慢恢复，这时磁场方向完全相反——罗盘上过去指向北方的指针会指向南方。

地球磁场可保护我们免受来自太阳的高能带电粒子的伤害。磁极的逆转将给通信与导航带来破坏性的影响，但没有证据表明磁极逆转与生物灭绝之间存在联系。磁性与行星内部的结构以及构成有关，当行星核心全部或部分呈流体时，磁性就会产生。行星自转带动内部流体运动，从而产生磁场。目前在火星与金星上我们均未探测到磁场，或许这可以表明它们的内核可能是固态的。但是我们在火星表面的岩石中检测到了磁化特征，由此推测火星过去曾经有磁场。在水星上，我们探测到了弱磁场，它巨大的内核可能部分是流体。而太阳系中的那些气态巨行星（木星、土星、天王星和海王星）的磁场强度均比地球大得多。其中木星的磁场最独特，科学家们曾观测到木星与其卫星木卫一之间有电流通过。

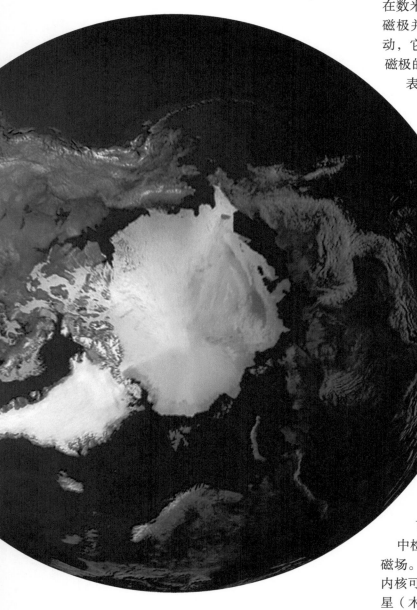

2008年冬天，北极周围的冰层面积超过400万平方千米。

火星极地冰冠

参见：火星上的冰火山，第140页

在火星极地冰冠地区的照片中，那些切入冰盖的槽沟或峡谷得以让我们观察到冰冠的横截面。火星两极的冰冠中含有由沙尘组成的层状结构。这些沙尘层虽然仅有几米厚，但它们的存在表明火星上的气候曾发生变化（如同地球上冰河时代的变更一样），气候变化很可能是由行星轨道的微小变动引起的。火星两极的部分沙尘层存在褶皱和变形现象，表明冰层曾发生地质活动。火星两极的冰冠上均有长长的峡谷，深度约为800米，宽度约为100千米，呈螺旋状。火星北极地区最大的峡谷是北极峡谷，南极地区最大的峡谷是南极峡谷。

火星冰冠的照片显示出有水冰升华现象，或者因风蚀和崩塌而出现了水冰损耗，这时下面的一些陨石坑就显露了出来。这些都表示冰冠上层部分相

在火星北方大平原陨石坑的底部，可以看到北极冰冠消退后残留的水冰。

行星世界：探索太阳系的秘密

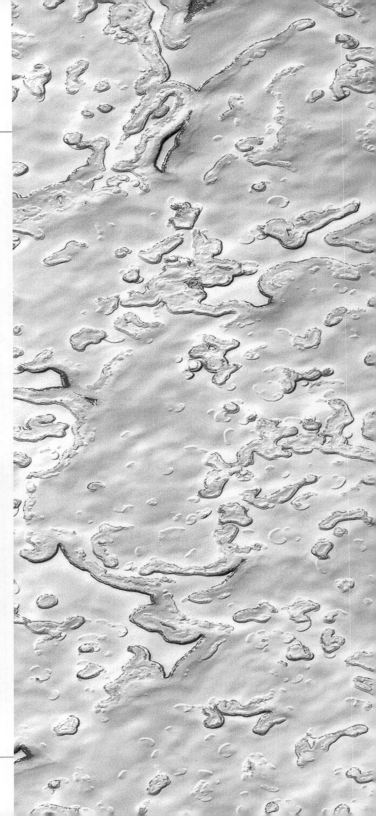

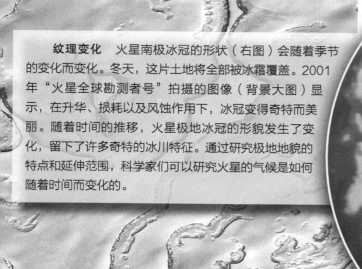

纹理变化 火星南极冰冠的形状（右图）会随着季节的变化而变化。冬天，这片土地将全部被冰霜覆盖。2001年"火星全球勘测者号"拍摄的图像（背景大图）显示，在升华、损耗以及风蚀作用下，冰冠变得奇特而美丽。随着时间的推移，火星极地冰冠的形貌发生了变化，留下了许多奇特的冰川特征。通过研究极地地貌的特点和延伸范围，科学家们可以研究火星的气候是如何随着时间而变化的。

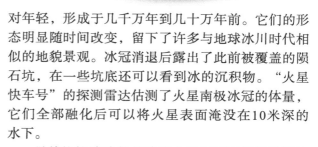

对年轻，形成于几千万年到几十万年前。它们的形态明显随时间改变，留下了许多与地球冰川时代相似的地貌景观。冰冠消退后露出了此前被覆盖的陨石坑，在一些坑底还可以看到冰的沉积物。"火星快车号"的探测雷达估测了火星南极冰冠的体量，它们全部融化后可以将火星表面淹没在10米深的水下。

虽然坑坑洼洼的月球和水星表面不像能找到冰冠的地方，但在它们的两极我们也均发现了曾存在水冰的证据。在月球的两极我们均检测到了高浓度的氢，表明在月球表面上或靠近地表的地下存在水冰。虽然太阳直射的温度足以令水冰蒸发，但在两极陨石坑的一些永久阴影区，水冰可以长时间存留。将来在月球上建造基地时，水冰的存在对宇航员的生活和工作会大有裨益，并且也提供了用氢气和氧气来制作火箭燃料的可能性。这些水冰也可能是由彗星带来的，其可作为研究彗星的线索。

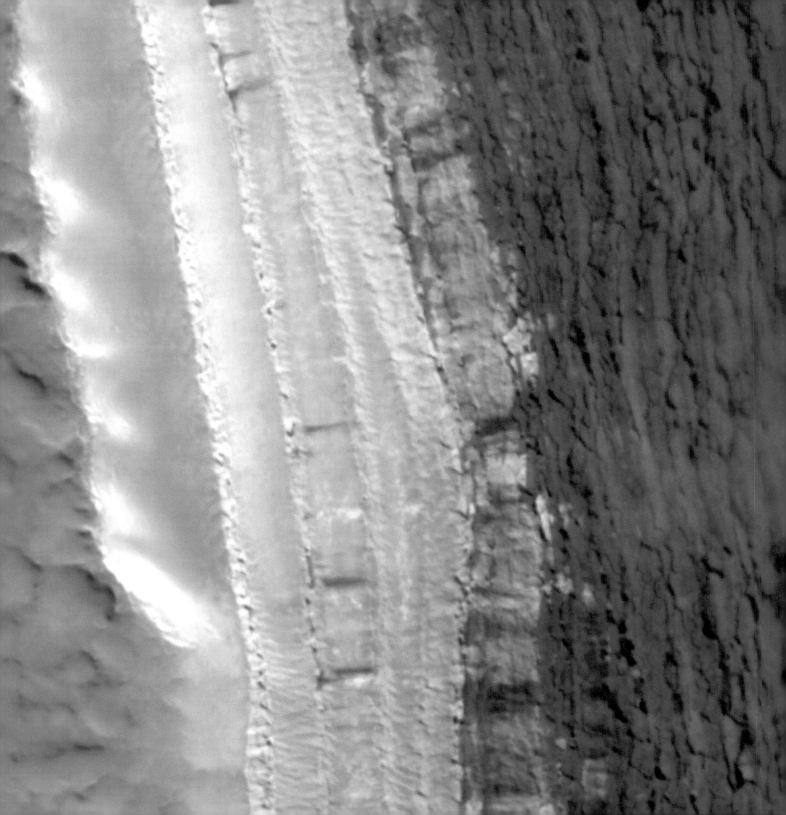

雪崩 不管是地球上俄罗斯境内高加索山上（右图）的积雪，还是火星上灰尘与冰的混合物，当堆积于山坡上的物质变得不稳定的时候，就会发生崩塌。2008年2月19日，美国国家航空航天局发射的火星勘测轨道飞行器的多用途探测器上的高分辨率成像仪捕捉到了一次正在发生的崩塌（背景大图）。整幅图像显示了火星上位于北纬84度附近的一个区域，宽6千米、长56千米、高700余米的陡坡上的泛红物质由水冰和灰尘构成。目前我们尚不清楚什么因素引起了这次崩塌，科学家们将进一步对该地区进行观测，希望能估算出崩塌中的冰沉积物的数量。

冰之河：冰川

参见：雪与水，第143页

地球上有6.7万多座冰川，它们遍布每一块大陆，从非洲（肯尼亚火山、乞力马扎罗山、鲁文佐里山）直到澳大利亚（赫德岛，属澳大利亚）都有冰川的身影。冰川个体间的差异很大，有小型的山谷冰川，也有涵盖整个流域的大型冰川。今天，冰川约占地球陆地面积的10%，而在上一个冰河时代则占到了30%以上。北美洲最长的冰川是阿拉斯加的白令冰川，长约200千米。但随着全球气候变暖，大部分冰川正在萎缩变小。在乞力马扎罗山，可能很快我们就看不到其举世闻名的雪峰了。而到2030年，蒙大拿州的冰川国家公园可能要去掉其名字中的"冰川"二字了。

与两极冰冠不同，冰川是运动中的较小的"冰河"，它们在重力作用下沿着斜坡运动，最后通常出现在山谷中。同冰原的形成一样，冰川在冬天积累的冰雪经过压实变成致密的冰层。顶部冰层的刚性较大，容易破裂，产生裂隙，而下层的冰层具有一定的塑性，可在底部

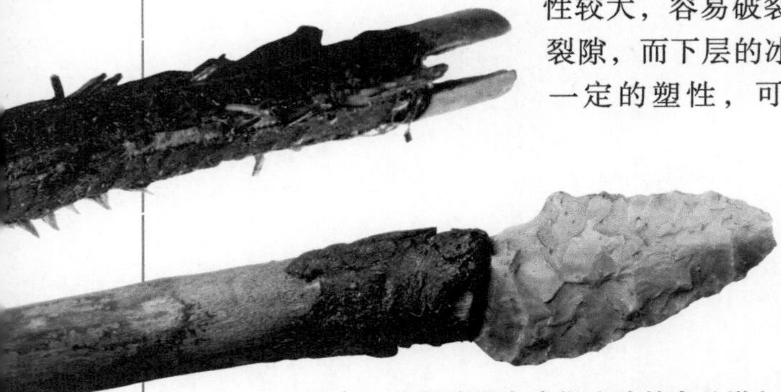

1991年，人们在阿尔卑斯山脉的奥兹塔尔冰川上发现了一具死于公元前3300年并保存完好的木乃伊，将其命名为"冰人奥兹"。奥兹死亡时的年龄约为45岁，他因被箭射中背部失血过多而死，另外在他的头部还有严重的伤口。奥兹的随身器物与身体都保存良好，包括射中他的箭矢（上图）、他身上的衣物以及胃容物都保存到了今天。

融水的作用下沿斜坡向下流动。当冰川向山下运动时，会慢慢侵蚀下方的岩石，冲刷出的岩石碎屑被裹挟进冰川，再次流动时作用于岩石表面。冰川的运动速度取决于它们所处的斜坡的坡度、冰川的厚度、温度以及下方岩石的表面状态，流速为每年2米到8千米不等。有些冰川的运动速度并不均匀，可能有时完全不动，有时又会快速运动，甚至一天移动数米。冰川突然快速向下运动称为"浪涌"，这可能是由冰川内部和基底结构的变化造成的。

冰川融化会造就极其独特的景观。冰川对山顶有着巨大的刨蚀作用，将其雕刻成号角状刃脊，三面围绕在碗状洼地内，这种地形称为冰斗。冰川完全融化后，留下的将是一个个名为"冰斗湖"的小湖泊。冰川向山下运动，厚重的冰层切割出U形山谷。与其对比，河流会形成V形山谷。冰川冲刷下的岩块碎屑随之一起流动，这些碎屑称为冰碛，在冰川消融的边缘或者终点形成堆积体。例如，在纽约长岛的中心区域我们还可以找到终碛（冰川终端留下的堆积体）。这些冰碛物大约形成于21000年前。今天苏格兰和挪威的大部分地貌都是由冰川形成的，如一些较深的冰川湖和U形山谷。

冰川融化后会留下狭长弯曲的蛇形丘和呈流线型的鼓丘，被称为冰川漂石的巨大石块也随着冰川的运动和融化被搬运到各个地方。漂石在美国中西部地区很普遍，而有一些还出现在了夏威夷的莫纳克亚山的山顶之上，这座热带火山曾经也被冰川覆盖。一些冰川的残冰融化后引起凹陷，形成被称作锅穴的圆形洼地。今天大部分锅穴都变成了那些在美国明尼苏达州和加拿大常见的湖泊。科学家们也在其他行星上搜寻这些明显由冰川作用形成的地形特征。

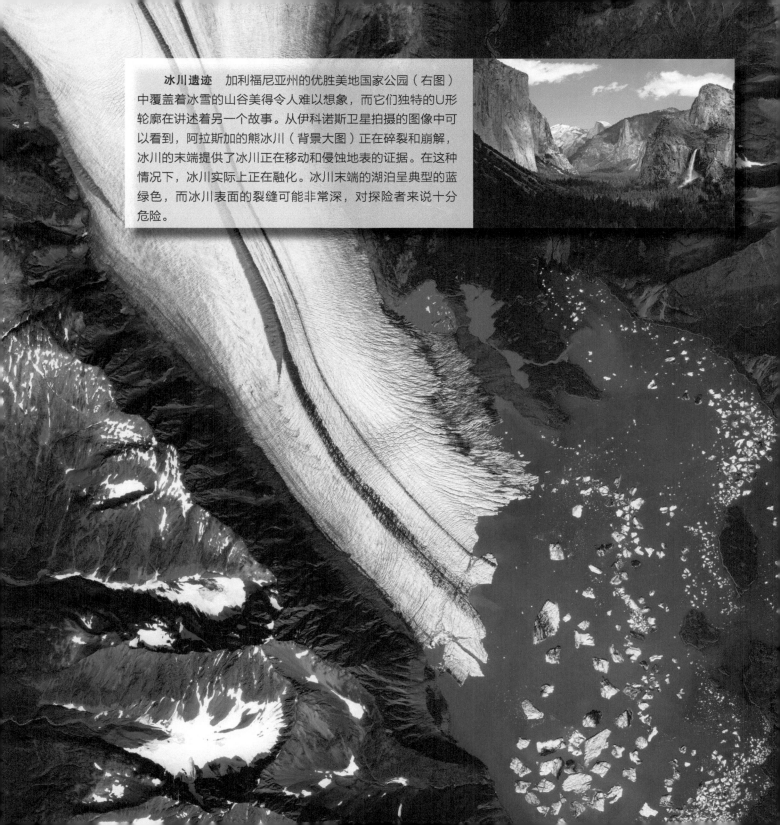

冰川遗迹 加利福尼亚州的优胜美地国家公园（右图）中覆盖着冰雪的山谷美得令人难以想象，而它们独特的U形轮廓在讲述着另一个故事。从伊科诺斯卫星拍摄的图像中可以看到，阿拉斯加的熊冰川（背景大图）正在碎裂和崩解，冰川的末端提供了冰川正在移动和侵蚀地表的证据。在这种情况下，冰川实际上正在融化。冰川末端的湖泊呈典型的蓝绿色，而冰川表面的裂缝可能非常深，对探险者来说十分危险。

冰层历史 冰原的面积与冰川的体积都会随着季节变化：冬天变大，夏天变小。我们可以在新西兰的弗朗兹·约瑟夫冰川（背景大图）上清晰地看见冰川的分层结构。当冰块落入怀霍河后，我们可以了解冰川的内部构造。而到了火星上（左图），我们可以在其南极冰冠的倾斜边缘处观察到冰与尘粒是如何一层层堆积起来的。地球上的冰川和冰原的核心结构是研究地球气候变迁历史的非常重要的原材料。而冰川中冻结的火山灰与其他颗粒物可以用来研究火山喷发和工业污染状况。冰川中的气泡结构锁住了当时的大气，科学家们据此就可以检测历史上大气的成分与浓度。另外，冰川的层状结构中各层的厚度可以用来比较降雪量随时间的变化。

火星上的冰：更多证据

参见：火星极地冰冠，第130页

我们已经了解到火星上曾经洪水泛滥，在它的表面冲刷出巨大的河道，那么火星上那些冰冻的河流又是怎么回事呢？阿尔西亚山是一座扇形火山，占地约18万平方千米，在今天它的上面可能还保留有冰川的痕迹。火山山脊可能是环绕在堆积物外的冰碛，至今可能还保留着混有岩石和尘埃的冰。科学家们通过空间轨道摄影对火山堆积物进行了详细研究，但没有发现融水侵蚀的迹象，说明冰川不是通过融化而是通过升华直接从固态变成气态而消失的。我们在南极洲的一些冰川上也观察到了升华现象。另外，通过卫星图像，我们在火星上其他火山的侧翼也发现了类似的冰川沉积物。

行星地质学家在火星上的很多区域都发现了与地球冰川地貌相似的特征，比如蛇形丘、冰碛、锅穴、冰斗和刃脊。这表明在过去的不同时期内，冰川曾覆盖了火星南北半球的大部分区域。火星北部平原上的一些山脊称作"拇指指纹"地貌，它们与地球上的冰碛和蛇形丘地形相似，表明此地区曾有一个巨大的冰川。火星上最近的一次冰河时代可能出现在几百万年之前，但火星上与大规模冰川融化有关的地形特征非常稀少，这表明火星冰川更可能是以升华的方式消失的。深度冰冻的冰川（如那些位于南极洲山谷中的寒冷干燥的冰川）通常会发生升华现象。地球上大部分冰川的底部都是相对温暖的——运动和地表摩擦产生的热量造成冰川底部接触地面的冰融化成水。

火星上的冰川痕迹不仅仅在南北两极附近出现，人们在赤道附近特别是靠近火山顶部的许多区域都发现了存在冰川的迹象。模拟计算显示，如果火星自转轴的倾角更大一点，那么在赤道附近也可能形成冰山。而根据火星自转轴倾角的变化周期，最近的一次约发生在550万年前。当火星自转轴的倾角继续变大时，火星上会出现更多的极端天气，大气中会聚积更多的水分，这可能导致在阿尔西亚山顶部形成冰川。

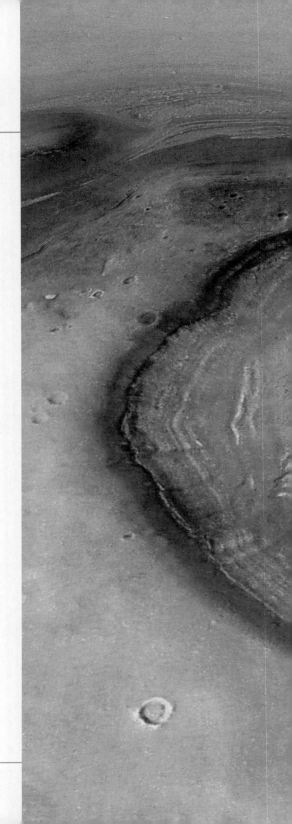

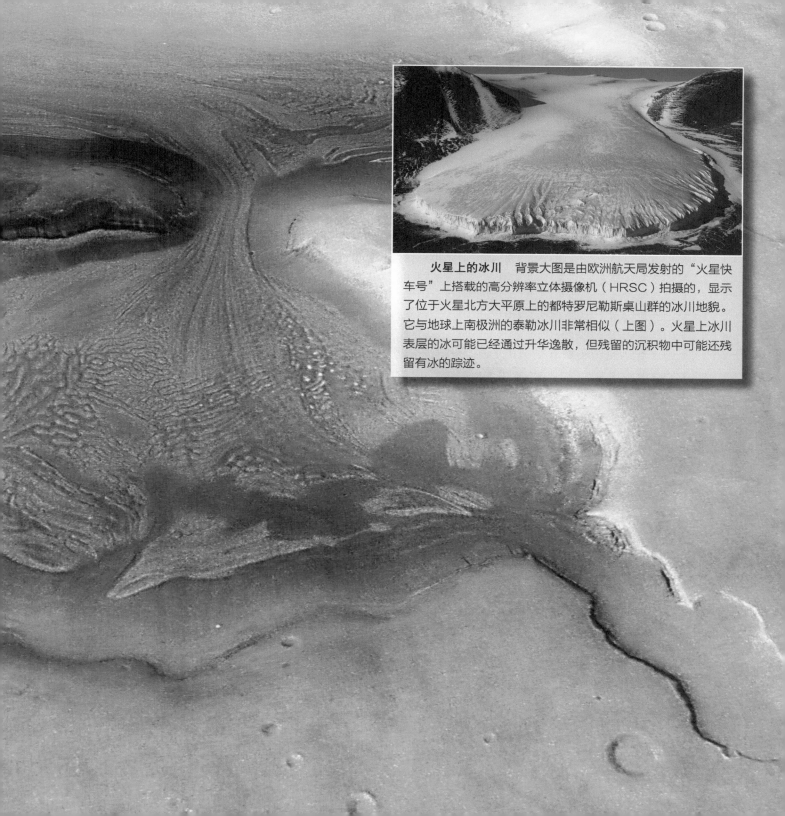

火星上的冰川　背景大图是由欧洲航天局发射的"火星快车号"上搭载的高分辨率立体摄像机（HRSC）拍摄的，显示了位于火星北方大平原上的都特罗尼勒斯桌山群的冰川地貌。它与地球上南极洲的泰勒冰川非常相似（上图）。火星上冰川表层的冰可能已经通过升华逸散，但残留的沉积物中可能还残留有冰的踪迹。

火星上的冰火山

人们在火星的火山上发现了更多火星曾被冰层覆盖的证据。如果地球上的火山在冰盖下喷发，就会形成清晰的独特形状。这些火山顶部较平，山壁陡峭，因为最初是在冰下喷发的，最终融化冰层，岩浆喷涌而出。加拿大西部和冰岛都有平顶火山，并且冰岛有欧洲最大的冰川——瓦特纳冰川，目前其下方有几座火山正处于喷发期。火星上的阿西达利亚平原与塞冬尼亚地区均有类似于平顶火山的山峰。靠近火星南极的一些平顶山峰也被认为是平顶火山群，它们是在1.6千米厚的冰层下喷发形成的。另外，名为莫波格山脊的火山类型也出现在火星上，莫波格山脊是熔岩流从被掩盖在厚厚的冰层下的地面裂缝中喷出时形成的。

尽管科学家们已经证明火星上过去曾存在大范围的冰，但时至今日只剩下两极还有清晰可见的冰沉积物。然而，最近英国的一个科学小组对火星赤道附近的埃律西昂地区新拍摄的图像进行分析之后，提出了不同的见解。在他们之前，科学家们将此片状地形解释为由熔岩流形成，而这种熔岩地貌在冰岛上较为常见。但是在"火星快车号"拍摄的最新照片中，这个区域看上去更像由一块块浮冰组成，而不是熔岩块。如果地质学家的猜测正确，那么这片冰冻海洋的面积约为72万平方千米（长约900千米，宽约800千米），深约45米。科学家通过陨石坑计数法推测出这片区域大约有370万年的历史。未来人们对火星地表进行进一步探索时，此地肯定是一个重要的研究对象。

火山在冰原或冰川下方发生喷发时所产生的热量会融化一部分冰，形成的融水先被锁在冰中，随着融水的增多，冰层所受的压力越来越大，最终融水破冰而出，结果我们就会看到从冰层之中突然冲出了洪水般的水流。冰岛常发生这种现象，冰岛语称之为jökulhaup，指冰川突然爆发的洪水。另外，这个词也指当冰川融水冲破终碛（围绕在冰川终端的、由岩块碎屑堆积而成的冰碛物）的阻碍时引发洪水的这种现象。1996年，冰岛瓦特纳冰川下的一座火山喷发，冰川融水汇入冰下的格里姆湖，引发了一次大型洪水，冲毁了道路和桥梁，所经之处一片狼藉。幸好有关人员一直在监测冰川湖的水位，在洪水到来之前就对当地居民进行了疏散。虽然此后又发生了几次喷发，但并未再次爆发冰川洪水。火星上引发灾难的洪水可能与冰川洪水类似，但大部分火星洪水是由火星地表下的水与融冰冲破地面造成的，而不是被冰层阻碍。火星永冻土层的突然融化会造成其下的水冲上地表。

火星赤道附近的埃律西昂地区有着不同寻常的片状纹理，让人想到地球上那些会随着水流和风而移动的浮冰。有些科学家猜想该地区是一片冰冻海洋，约500万年前曾是液态，而在火山灰与尘土层之下可能仍有冰存在。另外一些科学家则认为这块区域与地球上的片状熔岩流区域相似。

火与冰 灼热的熔岩接触冰时，冰会变成水和水蒸气散逸到别处。如果熔岩流过冰层表面，那么产生的水蒸气和水会发生爆炸，形成一种称为无根锥的地形。右图为火星上的小型锥形地貌，位于奥林匹斯山附近，有可能就是无根锥地形。火山也可能在冰层下发生喷发，比如冰岛的瓦特纳火山喷发（背景大图）。

冰雪神探 作者汤姆·琼斯正好从位于猛犸山（也是一座活火山）上的内华达水生生物研究所的冰雪实验室中探出头来（左图）。监测全球气候变化对积雪的长期影响是一项极其重要的工作，而加利福尼亚州一半以上的淡水来自高山积雪。全球变暖将导致雪线后退至海拔更高的地方，造成春季径流提前出现。

野外考察：
雪与水

为了协助宇航员执行STS-59和STS-68航天任务，我们带领他们来到野外与科学家们一起根据"空间雷达实验室"设计的计划进行野外培训。虽然两个实验地点相距不远，都在加利福尼亚州，但它们其实完全不同，一个是死亡谷的干旱沙漠，另一个却是猛犸山的冰雪山峰。航天飞机机组人员抵达的那一晚，正好遇上一场猛烈的暴风雪。机场距离猛犸山大约有45分钟车程，接上机组人员后，我们不得不沿着崎岖的山路开回实验站。到了次日早上，地上已经覆盖着数十厘米深的积雪。我们乘坐滑雪缆车到了山顶冰雪监测站。这是我们的培训地点之一，实验室被埋了新雪之下，只露出了垂直的出入口让人进出。在雪下实验室中，我们可以分析不同雪层的含水量等信息。雷达对冰晶成分非常灵敏，研究小组可以利用雷达图像来估算积雪中的含水量。对于那些工作和生活依赖每年的积雪融水的人来说，这是非常重要的监测数据。同时航天飞机拍摄了站点的地面图像，地表测量有助于校准航天数据。从长远来看，对全球的积雪量进行全面观测，不仅仅是为了把握淡水供应量这一关键指标，而且也可以为研究全球气候变化提供重要数据。

——艾伦·斯托芬

参见：冰层历史，第136页

冰的未来：气候变化

地球的历史是一部气候变化史。每个冰河时代开始的标志是地球的平均温度下降4～5摄氏度，同时降雪量明显增加。南斯拉夫科学家米卢廷·米兰科维奇首次提出冰期循环是由地球轨道变化打破了季节之间的热平衡而引起的，这一理论后来被大众广泛接受（称为米兰科维奇循环）。每隔10万年，地球公转轨道的偏心率就会发生周期性变化，同时伴随着自转轴倾角的改变。每个米兰科维奇循环进行到地球从太阳那里获取的热量减少时，就会拉开冰河时代的帷幕。然而最近地球气候的变化主要由人为因素引起，并非由自然进程导致。

地球大气中含有包括二氧化碳在内的多种温室气体，这些气体可以使太阳光直射而过，却能阻碍地球表面辐射的热量散逸。如果地球大气中缺少了温室气体的存在，那么地球的温度将会降低33摄氏度。而金星拥有一个温室效应"失控"的大气层，如果其大气中二氧化碳的浓度不过高，那么金星表面的温度会和地球表面的温度相差不多。早期地球大气中二氧化碳的浓度更高，地表温度也更高，但随后二氧化碳被碳酸盐岩石与珊瑚礁所吸收。而到了近现代特别是工业革命以来，人类活动通过燃烧化石燃料向大气中排放了大量二氧化碳。大家知道二氧化碳作为温室气体会带来什么影响，那么它们今天升高的水平是否已经足以改变地球的气候？

科学界给出了一个振聋发聩的肯定回答：人类活动正在导致气候变暖。而这将导致海平面上升，因为温度的升高会导致冰川与冰盖融化。目前估算，本世纪全球气温将升高1.08～6.4摄氏度，海平面将上升18～58.9厘米。或许有人会认为这个影响不足为虑，但如果人类不进行有效干预，那么海平面上升足以导致大陆上人口稠密的低洼地区全被淹没，并且改变农作模式，疾病肆虐，甚至引起物种灭绝。

近年来，气候变化带来的影响似乎越来越大。北冰洋和格陵兰岛的冰冠正以超乎寻常的速度消失，事实上以这个速度，到本世纪末，夏季北冰洋上的冰冠可能会全部融化。同时，北极地区的永久冻土也在以可怕的速度融化，因为永久冻土吸收了高浓度的有机物，融化后将向大气中释放大量的二氧化碳。虽然现在还没有行之有效的方法阻止全球变暖，但减少二氧化碳的排放可以避免最坏的结果。目前科研人员正在研究固碳技术，这有助于减小气候变化所带来的影响。

联合国政府间气候变化专门委员会（IPCC）主席曾向公众发出警告：随着气温升高，现在已知物种的30%将会面临灭绝的风险，而当气温升高3.3摄氏度以上（与1980—1999年相比）时，那么70%的物种将会面临灭绝的危险。气候对不同地域的影响是不同的：北冰洋、非洲、小型海岛以及非洲和亚洲人口稠密的三角洲在面对气

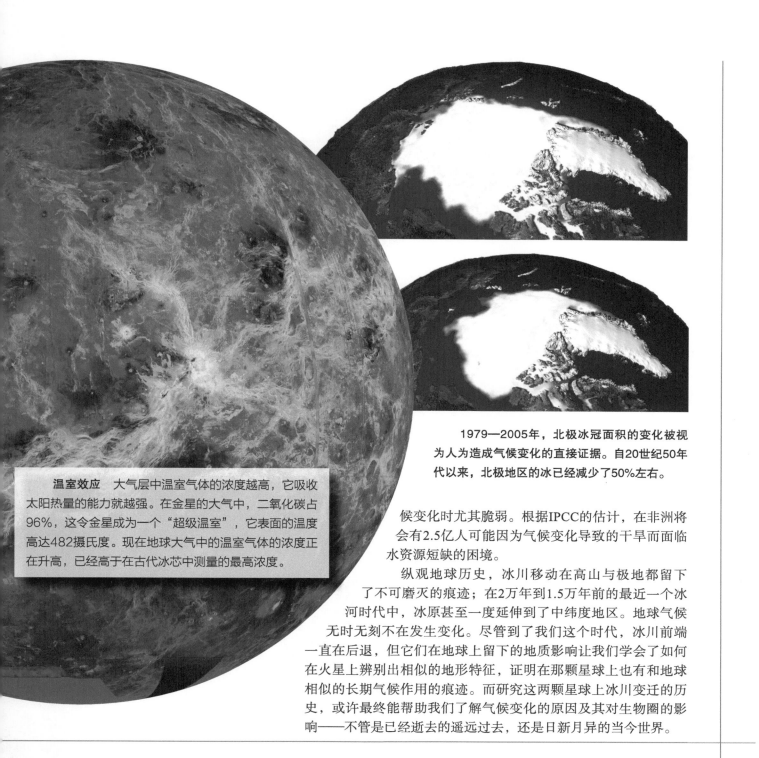

1979—2005年，北极冰冠面积的变化被视为人为造成气候变化的直接证据。自20世纪50年代以来，北极地区的冰已经减少了50%左右。

温室效应 大气层中温室气体的浓度越高，它吸收太阳热量的能力就越强。在金星的大气中，二氧化碳占96%，这令金星成为一个"超级温室"，它表面的温度高达482摄氏度。现在地球大气中的温室气体的浓度正在升高，已经高于在古代冰芯中测量的最高浓度。

候变化时尤其脆弱。根据IPCC的估计，在非洲将会有2.5亿人可能因为气候变化导致的干旱而面临水资源短缺的困境。

纵观地球历史，冰川移动在高山与极地都留下了不可磨灭的痕迹；在2万年到1.5万年前的最近一个冰河时代中，冰原甚至一度延伸到了中纬度地区。地球气候无时无刻不在发生变化。尽管到了我们这个时代，冰川前端一直在后退，但它们在地球上留下的地质影响让我们学会了如何在火星上辨别出相似的地形特征，证明在那颗星球上也有和地球相似的长期气候作用的痕迹。而研究这两颗星球上冰川变迁的历史，或许最终能帮助我们了解气候变化的原因及其对生物圈的影响——不管是已经逝去的遥远过去，还是日新月异的当今世界。

第7章
清风拂过

在太平洋上的亚历山大·塞尔柯克岛，
风吹动云经过1600米高的火山，形成气
流旋涡。

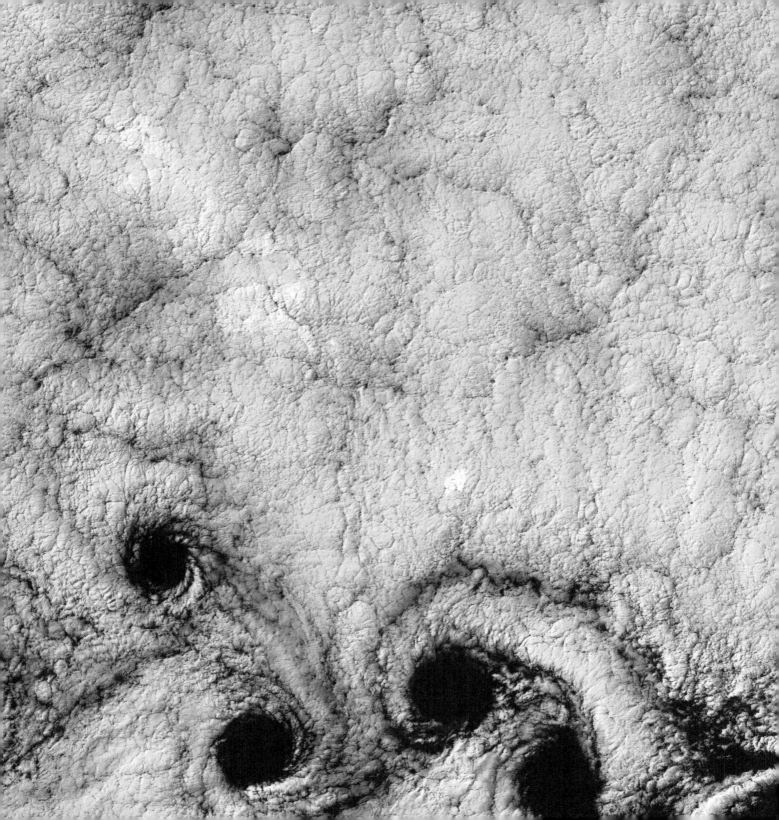

不可或缺的大气层

风的力量无法撼动大陆，也不能把海洋地壳"吹入"地幔深处，但它仍是塑造地球面貌的主要力量。地球的大气层近乎透明，我们几乎无法感知。从太空轨道望向地球时，我们能够直接穿过大气层观察地表情况。大气层的99%集中在距离地表80千米的范围内，而且与地球的体积相比，这层薄薄的空气似乎无足轻重。然而，正是这层薄薄的大气保护着整个生物圈，避免我们遭受来自流星、宇宙射线以及太空严酷温差的伤害。对于地球上的生命来说，大气层是必不可少的保护层。

这层环绕着地球的气体不只是被动地阻挡外界的威胁。由于受太阳热量的驱动，它的质量与密度足够在地球表面掀起"惊涛骇浪"。大气的温度在热带地区升高，热空气上升并向南北方扩散，将太阳的热量输送到两极。热空气上升后，冷空气横向切入，并且受到地球自转的影响，形成了空气流动（也就是风），而风同样具有改变地球面貌的力量。

太阳系中的每颗行星都有各自独特的大气环境。金星稠密的大气主要由二氧化碳组成，温度极高，大气压强更是地球的90多倍，这相当于地球海洋800米深处的压强。强烈的太阳光和超级温室效应相结合，使金星表面的温度达到了482摄氏度，超过了铅的熔点。金星上更为恶劣的气候是大气上层的暴风，它在短短4天之内就可以环绕金星一周。火星与太阳的距离约为日地距离的1.5倍，重力仅为地球的1/3，所以只能维系一个稀薄的大气层。火星表面的平均大气压不到地球的1%，主要成分是二氧化碳（95%）和氮气，还有少量的氧气与水蒸气。这层稀薄的大气根本不足以阻挡流星和宇宙射线的入侵，但也使得太阳的热量能直接穿透大气直达火星表面，掀起风暴和横扫整个星球的沙尘暴。

虽然不像木星和土星的大气层那么深不可测，但是土卫六也有着稠密的大气层，覆盖着底下谜一般的表面。土卫六大气的主要成分是氮，还含有几个百分点的甲烷和其余10多种微量的有机化合物，比如乙烷。同地球一样，土卫六上的氮主要以氮气形式存在，大气质量足以产生相当于地球表面压强1.5倍的大气压。甲烷在微弱的阳光照射下发生反应，产生浓密的"烟云"，笼罩了整颗卫星表面，并且向土卫六冰冷的地表（零下179摄氏度）洒下有机化合物的绵绵细雨。但出乎意料的是，即使土卫六上的风轻柔和缓，但依然能够改变土卫六那奇异的、由冰和碳氢化合物组成的表面。

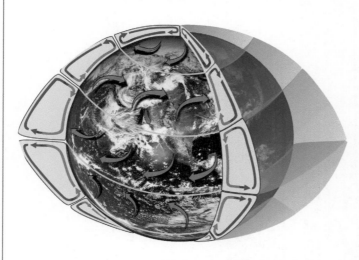

在地球上，太阳的热量使赤道处的热空气上升，并向南北两极移动；而在寒冷的极地空气则下沉，并向热带流动。同时地球的自转产生了科里奥利力，它使运动中的气团产生东西向偏转。

大气之外 航天飞机窗外的月球（背景大图）。地球大气仿佛给月球添加了柔化滤镜效果。由于月球无法维系住一个大气层，所以在黑色的宇宙中，月球的边界清晰、锐利。金星的大小与地球相当，但比地球与太阳的距离近30%，所以温度过高，即使曾经有过海洋也被蒸发了。它那富含二氧化碳的大气和二氧化硫云层（右图）产生了超级温室效应，大量热量无法散逸。这也造成了美国和俄罗斯的探测器在其表面登陆之后没过几小时，电子部件就被熔毁了。

无形的力量

参见：风中的秘密，第166页

看不见的大气层实际上拥有着惊人的力量。风暴带来的是短时间内的暴虐破坏，而持续了数千年的微风可以扬尘聚沙，对塑造整个星球地表的景观有着持久的控制力。在那些有大气层的星球上，比如金星、地球、火星甚至土星的冰卫星土卫六上，随处可见风作用下的惊人景色。

来自太阳的能量通过地球的大气循环被有效地分配到了地球表面。大气主要由氮气（78%）、氧气（21%）以及水蒸气和二氧化碳等微量气体（1%）组成，产生了一种适合动植物生存的、较为温和的温室效应。虽然大气质量只有地球本体质量的百万分之一，但受到太阳照射产生对流时，它仍有足够的能量吹走土壤和灰尘。

据记录，1934年新罕布什尔州的华盛顿山上刮起的飓风速度高达371千米/小时，其威力足以摧毁森林，夷平人类居所。而盛行风相较而言没有那么猛烈，但它引发的沙尘暴会将沙砾与尘土带到很远的地方。与水相比，风的磨蚀作用显得更为和缓且不易察觉，但仍不停歇地改变着我们熟悉的景观。

火星亦如是。总体而言，火星上的风比地球上的风要弱得多。考虑到火星表面的低气压——不到地球的1%，它必须要有10倍的地球风速才能扬起土壤与尘埃。火星在长达半年的夏季里，一直吸收着来自太阳的光和热，升腾起的热空气产生了风，吹动了火星地表极其细微的红色尘粒。火星上的低重力只有地球上的38%，这也有助于尘粒在空中飞扬更长的时间，被风带到更远的地方。

1976年，两台"海盗号"探测器登陆火星时，记录下了火星的平均风速为17千米/小时，这几乎无法吹动火星上的沙砾。然而探测器的摄像仪拍下了风作用过的迹象：细密的沙粒被聚拢起来形成了

火星大气 20世纪70年代末，"海盗号"的轨道探测器拍摄到了这张火星大气的照片。冬至刚过，火星南半球的阿盖尔盆地表面就覆盖上了一层霜冰，这是古代陨石撞击后留下的一个1770多千米宽的坑疤。火星的大气中含有95%的二氧化碳，其地表附近的大气压不到地球的1%。在火星上，夏天中午赤道处的温度可达21摄氏度，南北极的最低温可低至零下142摄氏度。而到了冬季，大气中约有1/3的二氧化碳会凝结成干冰，南北两极的干冰冰层可厚达1～1.8米。透过登陆器的摄像头，我们看到在严酷的夜晚，镜头上凝结了一层冰霜，而到了白天，冰霜又蒸发不见了。

土卫六的大气层带有棕黄色，这是由阳光分解甲烷后形成的有机"烟雾"微粒构成的雾霾。卫星表面覆盖了一层沉降物，两极附近的浅坑被甲烷"雨水"填满。土卫六的慢速自转（土卫六上的"一天"相当于16个地球日）形成了一个运动缓慢的哈德利环流圈。哈德利环流圈又称为信风环流圈，它将热空气从南极带往北极，在北极热空气被冷却后又由地表回到南极。2005年，"惠更斯号"探测器通过降落伞着陆时，测得土卫六地表上空100千米处的风速高达435千米/小时；而降落地面后测得土卫六表面仅有丝丝微风，风速不超过1.6千米/小时。

微型沙丘，在着陆点附近的岩石表面有被刮擦过的痕迹。

火星上微弱的风力是如何改变火星地貌的呢？在数亿年的时间里，火星上频发的风暴刮走地表的土壤，聚成大片的沙丘地貌。而温和的信风在岩床上蚀刻出与盛行风的方向一致的凹槽地貌。风将橘红色的尘粒带到整个星球的各个角落，形成了今天我们看到的红色星球。

风蚀地貌

参见：火星上的沙尘暴，第160页

当风遇到散落的沙粒、土壤和灰尘（由流水或化学物质侵蚀而成）时，就能够改变当地的地貌。在没有植被或缺乏水分的地方，土壤颗粒的凝聚力会降低，风会把微小的岩石颗粒和土壤颗粒吹走。这一过程称为"风力吹蚀作用"。风对地表物质的搬运作用改变了原来的地貌。在20世纪30年代美国中西部地区发生沙尘暴期间，干旱和大风在短短几年内刮走了近1米厚的表层土壤。

吹蚀作用通常会留下较浅的碟形或槽状盆地，通常只有1米左右深，几百米宽。在半干旱的北美大平原，吹蚀作用形成的地貌随处可见。参加美国国家航空航天局训练任务的宇航员在飞过得克萨斯州西部的奥德萨陨石坑时看到坑边有许多沙质的"喷井"，密密麻麻，破坏了陨石坑原来的样子。风带来的土壤和灰尘填满了陨石坑底，堆积了近30米厚的土层。

风载颗粒物可以侵蚀掉松软的基岩，留下更为坚固的地层，形成雅丹地貌。上图显示的是位于中国玉门关地区的雅丹地貌，高达18米，是亚洲最大的雅丹地貌。对页大图展示了2004年在火星的奥林匹斯山脉附近拍摄到的类似地貌。

吹蚀作用通常发生在沙漠、海岸、湖岸和大型冰川河流所形成的洪漫滩上，风将松散的沉积物吹向其他地方。在亚利桑那州小科罗拉多河流域举行的地质学训练中，宇航员们目睹了猛烈的沙漠风暴扬起成吨的沙粒，将其运到数千米外的阶地，堆积成一排排流动沙丘。

风会吹走岩石和土壤表面的细土物质，而较重的砾石和石块就留在了原地。随着风蚀作用的进行，越来越多的砾石留在地表，最终形成了紧实的石质表面，阻挡风带走下面的土壤。这层新形成的致密的砾石表面也被称作荒漠砾幂，在地球上的荒漠地带和火星表面都非常常见。

风以3种方式搬运颗粒状物质：推动砾石颗粒沿着地表滚动；扬起沙粒，接着又将其抛回到地面；尘粒足够微小时，可以被直接扬到高空。沙粒通过跃移（风力带动下的弹性运动）离开地表后又下落撞击地面，撞起的其他粒子也被裹入风中。水流也以相同的方式来搬运溪流底部的砾石。地球上95%的微粒的移动方式是跃移。一旦这些微粒飞入空中，不管是土壤、沙粒还是尘土都会化身为形成侵蚀作用的生力军。

这种天然喷砂磨蚀作用不仅能冲击土壤微粒，而且能雕刻坚硬的岩石表面。吹蚀空洞会逐渐变成更大的凹陷，它们之间隔着坚硬的土壤或岩石。侵蚀性的沙砾最终可以将这些土台磨蚀成长条状的流线型土丘，称作雅丹地貌（土耳其语，意为"陡峭的河岸"）。典型的雅丹地貌通常具有一道明显的脊线，像是翻倒的船体；它的高度可达100米，沿着盛行风方向绵延数千米。雅丹地貌在全世界的干旱地区均有发现，主要集中在一些戈壁地区。在火星那遍布尘土的平原上，我们也发现了壮观的雅丹地貌景观。

黑色风暴

　　1931—1939年发生的黑色风暴摧毁了美国大平原上的核心农作区。2004年，美国国家航空航天局的科学家探寻黑色风暴的成因时，发现是大西洋和太平洋热带地区的天气变化削弱了喷流层，带走了大平原南部墨西哥湾的湿润空气。随之而来的大干旱以及草原上保护性的小麦种植规模的扩大，使地表植被消失殆尽，沙尘暴随即发生。在历史上，美国中西部地区的表层土壤在干旱期到来时受当地耐旱植物的保护，但内战结束后，定居者来到草原上开始种植农作物。如果干旱导致小麦歉收，那么平原上刮起的大风将无法被阻挡。大风一路横扫堪萨斯州、俄克拉荷马州、得克萨斯州和科罗拉多州，最终引发了巨大的沙尘暴——黑色风暴，数天之内暗无天日。仅在1935年一年之内，就有8.5亿吨表层土壤被风吹走，大约相当于6000万亩（1亩=666.67平方米）土地上的12厘米厚的土层，最后它们散落在每个人的家中，遮盖了原有的道路。灾难之后人们采取的土壤保护措施、植树造林以及终于到来的1939年秋季的降雨最终结束了沙尘暴的肆虐。虽然中西部地区的农业种植无法避免干旱的侵扰，但良好的耕作方式、多样化的农作物和缓冲林带可以大幅减小风暴的影响，有效地防止沙尘暴再次发生。

荒漠砾幂 2004年1月，"勇气号"火星探测器着陆后不久，它的全景照相机就拍下了古瑟夫陨石坑的红色地表。可能是因为风带走了表面的细微土壤和尘粒，地表留下了一层卵石和石块，这种地表称为荒漠砾幂。风带来的尘粒磨平了火星的岩石表面。非洲撒哈拉沙漠的大部分地区（阿尔及利亚境内，右图）并没有沙丘，而是布满了类似的荒漠砾幂。

沙尘暴和黄土沉积

参见：火星上的沙尘暴，第160页

航天飞机上的宇航员经常能拍摄到撒哈拉沙漠的沙尘扫向大西洋的景象，沙尘甚至能抵达加勒比海。研究表明，北非频繁发生的沙尘暴与大西洋东部形成的飓风的数量减少和强度减弱有关。

一些发源自撒哈拉沙漠的沙尘暴每年会携带大约4000万吨沙土来到亚马孙盆地。风带来的撒哈拉沙尘是亚马孙生态系统重要的矿物质肥料来源。地质学家还发现每年吹向亚马孙盆地的尘土中有一半来自同一个区域，那就是位于乍得湖西北部的博德里洼地。狭长的博德里洼地位于两座山脉之间，山谷中大风终年不断，高速吹过洼地表面，导致了博德里洼地每天向空中抛撒大约70万吨沙尘。

地球和火星上的沙尘暴卫星图像显示，两者在结构上具有惊人的相似性，但是火星上的沙尘暴甚至让撒哈拉沙漠和戈壁沙漠上发生的超级沙尘暴都相形见绌。火星上典型的灰尘颗粒的大小只有1微米，就像香烟烟雾微粒一样细微，所以即使微弱的风也能把火星的天空染成橙色。平均来说，火星上沙尘暴的影响范围从100千米到1000千米不等，但时有例外。有时局部发生的沙尘暴会成长为庞然大物，将整个星球都笼罩在橙色的雾霾之中。1971年，"水手9号"抵达火星时，几乎整个火星都被一层浓厚的灰尘掩盖。2007

年，"火星漫游者号"的太阳能板上覆盖了一层厚厚的灰尘，阻挡了太阳能的吸收，以至于无法维持发电量。幸运的是，探测器摄像头中经常拍摄到的沙尘暴不断地清扫太阳能板上堆积的灰尘，最终使其恢复了正常的电力供给。

当风力减弱时，被带到空中的物质会落到地面，形成由沙子、土壤和灰尘混合而成的风积物。当风向稳定不变时，很容易聚积起一种被称为黄土的沉积物。这是一种由微尘、黏土和沙子组成的厚土层，通常会覆盖很大一片区域。这些细小的颗粒具有很强的黏结力，在黄土沉积物中，这些颗粒几乎互相粘连在一起。这种黄土层在地球上的重要性不言而喻，因为它在许多地区形成了肥沃的农田，包括太平洋西北部地区（华盛顿州的帕卢斯地区）、美国中西部地区和中国的黄土高原。黄土的来源通常是附近的沙漠和冰川河流形成的冲积平原。冰河时代留下了大量的岩石，它们在冰川的作用下被磨成碎屑，暴露在强风的吹蚀下。由此形成的灰尘在北美、东欧和亚洲的内陆地带聚积成了大量的黄土沉积物。例如，在内布拉斯加州东部，密苏里河在20米厚的黄土层中穿行，凿出了两岸陡峭的悬崖。人们在中欧的莱茵河和多瑙河沿岸也发现了类似的沉积物。

2001年，一场沙尘暴席卷了位于阿富汗边境附近的难民聚集地。沙尘的来源之一是阿富汗和伊朗接壤处的干盐滩，而它在过去曾是一片湖泊绿洲。

　　飞旋的颗粒　　火星的春天到来的时候，北极冰冠上旋涡状的混有干冰的物质就随着温度的升高活跃了起来。随着干冰的汽化，大气压升高，风更容易扬起更多的尘埃，染上橙色的尘埃云甚至可能延伸到中纬度地区。而在地球上，从撒哈拉沙漠吹来的沙尘（右图）飘行1600多千米进入大西洋。非洲的微尘可以被带到4500米的高空，面积大到可以覆盖整个北美大陆。

地球之外

　　1996年，"哥伦比亚号"航天飞机上的5名宇航员在漫长任务的最后一天，终于可以静静地坐在舱内环绕地球。当航天飞机以25马赫（1马赫=1225.08千米/小时）的速度冲向地球的地平线时，映入我们眼帘的是地球外边的那层仿若蓝纱的大气层，它将地球与漆黑的深空背景区分开来。只有沿着地球的地平线，宇航员才能估算出地球大气层的厚度。在离地球350千米的高空，大气层像一圈薄薄的蓝色光晕环绕在地球周围（大约只有一指宽），渐渐隐入漆黑的深空。在夜晚，我们头顶的星空给人一种永恒而清冷的感觉；透过大气层的湍流和尘埃看它们时，它们却闪烁着微光。仔细观察的话，这个无形的大气层自有其作用方式。在信风的猛烈攻击下，热带岛屿上空的云朵卷成爆米花的形状。在遥远的天际，暴风雨在原本湛蓝的海水中搅起旋涡，汹涌的波浪像指纹上的螺旋一样紧紧缠绕在一起。而在美国东南部的海岸线附近，飓风经过流动沙丘组成的涠洲岛切割出一条条如绿松石般的水道。

　　在位于阿尔及利亚的撒哈拉沙漠中心地带(左图)，持续了数个世纪的狂风造就了一望无际的橙色沙丘。北非猛烈的阵风卷起黄褐色的细沙一路向西，然后将其撒入大西洋。在中国的戈壁地区，强劲的暴风裹起沙子，再将其抛撒到各个地方，黄色雾霾遮挡了天光，绵延数千千米。在澳大利亚内陆，风中的沙尘在长长的山脊上磨出了坑洼，露出了锈红色的底层基岩。我们返航驶向家园，在再入过程中动弹不得的时候，我们5个人被"丹尼拉"气旋那惊人的旋涡所震撼，它正跨越印度洋准备在马达加斯加肆虐一番。太空中没有风，所以不管是轻抚我们脸庞的微风，还是偶尔失控的狂暴烈风，它们都让我们在重返地球怀抱时感受到了最简单、最纯粹的快乐。

——汤姆·琼斯

火星上的沙尘暴

参见：黑色风暴，第153页

　　早期的登陆器以及"勇气号"和"机遇号"探测器都发现火星上的小型地质构造主要由一种细微的红色尘埃构成。尘埃颗粒的平均直径只有1微米到1.5毫米。尘埃在岩石的背风侧滚动，也会在一些只有一两米宽的小沙丘上翻滚。被风带起时，它们就如同喷砂一样摩擦着陨石撞击时撞出的碎石。它们给火星上的一切都染上了橙红色，甚至包括那些地球来客上的太阳能板。

　　同地球一样，火星的大气会将其表面来自太阳的热量带走。因为温度升高，以二氧化碳为主要成分的空气上升并向两极流动，而较冷的空气下降并流向火星赤道填补原来空气的位置。火星快速地自转着，"一天"为24.6小时，在科里奥利力作用下也会产生东西方向和南北方向的环流。火星上的风会受一些高大地形的影响。与珠穆朗玛峰相比，火星上的火山比它所处的高原还要高出24000米。风冲上这些高峰，然后又呼啸而下，接着进入这颗星球上的洼地和撞击坑内。

　　2001年6月，火星南半球正值春天，因为来自南极冰冠的冷空气向温暖的赤道区域移动，沙尘暴频频发生。而仅仅两个月后，沙尘就几乎遮住了整个星球，只剩下南极的冰冠仍然清晰可见。

2001年6月10日

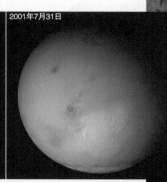

2001年7月31日

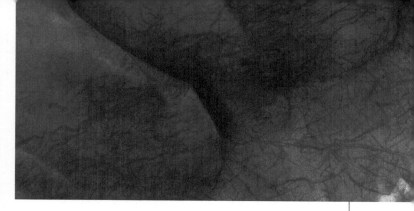

火星尘埃　2007年10月，美国国家航空航天局的"勇气号"火星探测车拍摄了这张全景照片，我们可以看到它的太阳能板上积满了灰尘，几乎融入了这颗红色星球的背景之中。太阳能板上的灰尘妨碍了探测车的电力输出。自从2004年1月"勇气号"登陆火星以后，虽然定期路过的尘卷风会带走太阳能板上的灰尘，使其恢复大部分电力供给，但是灰尘总会卷土重来。经历了2007年的一场巨大的沙尘暴之后，2008年"勇气号"的电力供给能力只有240瓦·时，而最初可达900瓦·时。所以，对于未来的火星探测者，无论是机器，还是人类，或许将不得不使用核能，或者开发出切实可行的方法清除太阳能板和重要设备上的尘埃物质。

受热上升的空气卷起地表的细小土壤颗粒，形成旋转的尘柱，称之为尘卷风。它们就像小型龙卷风一样，并且绕着地表游走。"火星全球勘测者号"观测到了火星上的这种原始的、旋转着的尘卷风游走在沙丘地带的景象。每一道尘卷风经过后，照片中"亮色"区域的沙尘会被卷走，下方"深色"的地表得以显露。

登陆火星的探测器探明了一种规律性的冬季气候模式，大约每3天就会有一股冷空气从上方经过。地球上也有类似的现象，这是因为两极与赤道之间的温差驱动大气流动，形成了快速移动的冷锋与阵风气候。

无论何种类型的风都能够吹动或大或小的尘粒，但其中首推夏季的沙尘暴。当火星沿着它的椭圆形公转轨道运转到近日点时，由于自转轴倾斜，南半球距离太阳更近，因此夏天更加炎热。大气层吸收了大量热量，促使上层空气加速向两极流动，而较冷的空气从地表附近补充进来。即使对于如此稀薄的火星大气，循环形成的风力也足以将地表的细微沙尘扬到空中并停留数周。空气中的尘埃会吸收更多的太阳能，大气中间层的温度逐渐高于地表附近大气的温度，从而加剧了哈德利环流向两极的流动。夏季的沙尘暴可能在火星上的不同地方同时出现，最后合并成一个巨型的、可以覆盖整个星球的超级风暴，持续几周，遮蔽天空。那些随风飘散的沙尘也就被带到了火星的各个角落，其中一些随风来到了极地。如今极地冰冠中冰封着这些尘埃沉积层，我们将来可能从中了解到火星上数百万年以来沙尘暴的活动情况。

沙丘

参见：移动的沙漠，第167页

　　地球上由风积物形成的最壮观的地形位于沙漠中心地带。当靠近地面的风的速度下降到一定程度时（也可能是遇上了障碍物），风中夹带的沙粒就会掉落到地面上，逐渐形成沙丘。越积越大的沙丘又增强了对风的扰动，导致更多沙粒落到地面上。沙粒堆积在沙丘迎风面的缓坡上，有些沙粒被风向上吹，并越过丘峰，形成比较陡峭的下风丘部或滑面。

　　地球上大部分沙丘的典型高度是30～100米，但是在中国西部的阿拉善地区，一些巨型沙丘的高度达到了惊人的300米。沙丘分为5种基本类型，分别是：新月形沙丘，沙丘两侧顺风向前延伸出两个尖角；横向沙丘，其弯曲的丘脊的走向和风向垂直；线形沙丘，沙丘的脊线在两个主要风向的夹缝中，其方向与风向一致；星状沙丘（又称金字塔形沙丘），是孤立沙丘，中心有一个高大的尖峰，在各种方向的风的相互作用下堆积而成；抛物线形沙丘，沙丘的两翼指向上风方向，呈U形或者V形。

　　不仅仅是在地球上，在火星、金星甚至土星的卫星土卫六上我们也都搜寻到了同样的沙丘地貌，凡是在风可以扬起细微颗粒物的地方都可以聚沙成山。地球上还有一种处于非活跃状态的沙丘，地面的大部分被植被覆盖，沙丘位置相对稳定。内布拉斯加州1/4的面积被落基山脉上风化的沙粒形成的沙丘覆盖。如果当地的气候变得干燥，那么沙丘上的植被就可能干枯而死，其下面的沙丘可能会再次扩张而变成流动的沙丘。当沙粒大量聚积起来时，沙丘连绵不断，就会形成广阔的沙海。撒哈拉沙漠的中心地带和澳大利亚的内陆区域均是广袤的沙海，人们在火星上也发现了许多相同的沙海地貌。

　　沿海地区和沙漠边缘的流动沙丘经常会破坏建筑物，损毁道路，让曾经肥沃的农田变成荒漠。虽然一些沙丘可以通过种植植被固化，但只要风和沙源持续存在，从长远看，阻止它们迁移就几乎是不可能的。

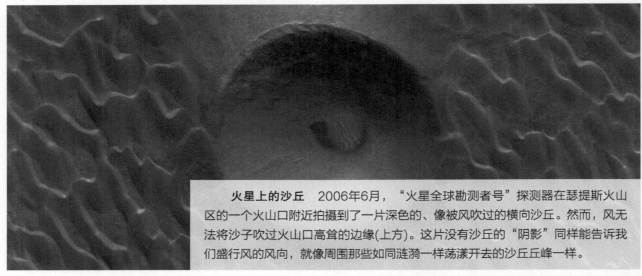

火星上的沙丘　2006年6月，"火星全球勘测者号"探测器在瑟提斯火山区的一个火山口附近拍摄到了一片深色的、像被风吹过的横向沙丘。然而，风无法将沙子吹过火山口高耸的边缘(上方)。这片没有沙丘的"阴影"同样能告诉我们盛行风的风向，就像周围那些如同涟漪一样荡漾开去的沙丘丘峰一样。

地球上的沙丘

    在阿尔及利亚的布拉盖沙漠中，风力作用塑造了一片高度达45米的沙丘之海（背景大图）。而在遥远的南部，蒂夫奈恩沙丘场占据了东方大尔格沙海的最南端。东方大尔格沙海是撒哈拉沙漠中最干旱荒凉的区域。在航天飞机执行STS-2任务时拍摄的这张照片中（上图），上方的新月形沙丘迎向来自西方的盛行风，而位于沙丘区左端的星状沙丘则明显没有受到主导风向的影响。

异世界的沙丘

参见：荒漠砾幕，第155页

在火星上能找到地球上所有类型的沙丘，其中最常见的是新月形沙丘和横向沙丘。火星的北极周围环绕着广阔的沙丘地带，遍布的撞击坑痕迹说明了这片区域形成的年代并不久远。同样，在靠近南极的一些高纬度地区的撞击坑底我们也发现了被风吹来的沙尘聚积而成的沙丘。

有些火星沙丘的高度可以达到6米甚至更高，然而因为火星上稀薄的大气以及较低的风速，形成沙丘的效率异常低，沙丘移动的速度也非常缓慢。根据现有情况推算，大约需要5万年的时间，沙子才能够汇聚成典型的沙丘形状。在火星上要移动一个1米高的沙丘，风速必须大于120千米/小时。然而由于大风极少出现，火星上的沙丘在1000年间可能只能挪动几米。在火星上形成沙丘的沙子的成分与地球上的类似，大多数是玄武岩和沉积岩被侵蚀后掉落的小颗粒。沙丘上覆盖着一层细细的火星灰尘，这些细微的尘粒来自火星上季节性发生的沙尘暴。

过去没有人预想到在寒冷的外太阳系中也能发现沙丘的踪迹，但当2006年9月"卡西尼号"掠过土卫六上空时，它拍摄下了这幅雷达图像（右图），图中那些暗色的长条状脊线被认为是纵深达320千米的纵向沙丘。地质学家认为，环绕在那些亮色的、隆起的高地四周的旋风形成了这些沙丘脊线，它们之间相距约3千米。这些位于土卫六赤道地区的"沙丘"并不是由沙子组成的，而可能是由固体有机物颗粒或冰层覆盖的有机物颗粒组成的。大气中的甲烷和乙烷在太阳辐射下形成了固体颗粒落到地面上。卡尔·萨根根据希腊语"泥泞"（muddy）一词，创造了"多林"（tholins）一词来指代这种微粒。"多林"微粒很可能是深色的，但从特性上来看从黏性到松软具有多样性。

在任何我们已知的具有大气层的星球上我们都找到了风力作用的证据。从金星到土卫六，我们从这些星球的沙丘中看到了风力作用改变地貌的确切证据。

沙丘与条痕　同土卫六（背景大图）一样，金星上也有沙丘存在。在20世纪90年代早期"麦哲伦号"拍摄的这幅雷达图像中，条痕从西向东遍布金星上的南纳夫卡地区（右图）。图中右上方的白色细线是雷达回波，看上去像是铁屑围绕在磁铁周围，这里可能就有由金星上稳定、缓慢的风堆积成的沙丘。右图所显示的区域大约有100千米宽。

风中的秘密

除了流水侵蚀作用，风力侵蚀和沉积作用也是地球上人们可感知的改变地貌的自然进程。在我们的星球上，飓风摧毁海岸和城镇，令无数人流离失所；龙卷风可以夺去成百上千人的生命，摧毁整个村庄；还有沙尘暴，它会卷起数百万吨沙尘，将它们撒入空中。沙砾将沙漠岩石切割成槽脊，然后风再将沙粒聚积成绵延数百平方千米的沙丘地带。

火星上风的作品也无处不在。环绕在火星空间轨道上的卫星很容易追踪沙质平原上尘卷风的踪迹。风吹起陨石坑底部的黑色土壤，在方圆10多千米的范围内留下黑色的条状痕迹。在对维多利亚陨石坑的近距离拍摄任务中，"机遇号"火星车传回了底层岩床上砂岩层交错排列的高清图像，这些砂岩层是由古老的沙丘形成的，这是火星上的风吹拂了数百万年后留下的杰作。

我们从金星和土卫六的雷达图像中能够获取的星球表面细节信息较少，但仍能够清楚地看到土卫六上的沙丘，以及金星上的条痕和一些明显的雷达回波。这些特征显示，这两颗星球上看上去不可能却确实存在着沙丘。太阳系中每一个有固态表面和大气的地方似乎都能形成沙丘，这也是风具有侵蚀作用的证据。

大气层，包括它的温室效应以及所产生的台风、飓风、龙卷风、沙尘暴和具有侵蚀作用的稳定风力，创造了我们在金星、火星以及土卫六上所看到的地貌景观。地球上的飓风和气态巨行星大气中的巨大旋涡风暴相似，尽管在规模上要小得多。了解地球大气的循环模式、化学构成以及改变地表的

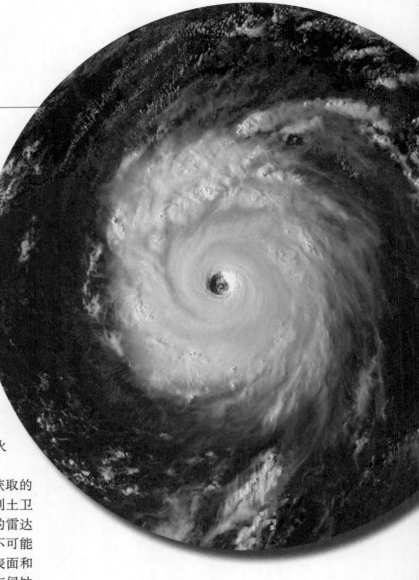

2005年8月28日拍摄的这幅卫星图像(上图)显示了"卡特里娜"飓风的气旋和清晰可见的风眼。对页的图像展现了"卡特里娜"飓风内部的情况。与木星和土星上的巨型气旋的特点相似，风暴登陆时的风速约为280千米/小时。

能力，不仅有助于我们研究太阳系，而且有助于我们努力保护维持生命生存的宝贵的大气层。

移动的沙漠

　　在中国的阿拉善地区，沙漠曾经吞噬了良田（上图）。据推算，世界上有1/6的人口生活在沙漠气候地区。这些地区占据了世界陆地面积的15%～20%，并且科学家们确信这个数字还在逐步增大。人们印象中的沙漠景象通常是吞噬农田、侵占道路。但"沙漠化"这个术语也用于沙漠气候地区人们对土地的破坏性过度使用，包括过度放牧、土壤枯竭和过度耕作造成的表土流失。随着土地因滥用而退化，人们会更密集地进行耕作和放牧作业，这会加速土壤的枯竭。穷困的人们为了生计，在面临沙漠化威胁时不断抗争，这也会导致邻近区域陷入同样的恶性循环。

第8章
寻找生命

从博茨瓦纳的水牛和白鹭到昆虫以及我们肉眼看不见的细菌，众多物种生活在地球上，地球是生命的乐园。目前我们尚未在其他星球上发现生命。

生命的起源

参见：宜居带，第204页

人们一直想知道我们在太阳系中是否是孤独的。从火星"运河"到外星人造访地球，人类关于地外生命的想象如脱缰的野马，但这仅限于纸上。1996年，一块石头的出现似乎改变了这一切。得克萨斯州的一群科学家仔细研究了在南极洲发现的一块陨石（编号为ALH84001，1984年在南极洲的艾伦山发现的第一块陨石）。分析结果显示了火星上存在生命的多重证据，其中最引人注目的是发现了被认为是由细菌化石形成的微小的蠕虫状特征。在他们的研究结果发表后

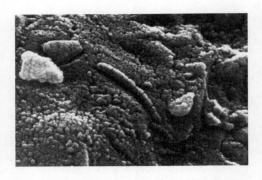

显微镜下的这些斑点是古代细菌的化石吗？高分辨率扫描电子显微镜展示了ALH84001号火星陨石表面的痕迹，一些科学家认为这可能是古代生命留下的踪迹，也有人怀疑这是细菌本体化石，因为它们的大小只有在地球上发现的细菌微体化石的1/100。

元素是：碳（它与氢和氧构成的有机分子是生命的重要组成成分）、液态水以及某种能量（太阳或行星内部的热量）。地球上的生命由这3种元素演化而来，所以我们在寻找地外生命时，首先搜寻的就是这3种元素。它们很可能需要在外星环境中存在上亿年，才可能演化出生命。

地球上最古老的生命证据是细菌遗迹化石，发现于澳大利亚西部的岩石中，大约可追溯到35亿年前（地球上最古老的岩石有44亿年的历史）。早期地球冷却时形成了稳定的液态海洋，大气中的含氧量不高，但含有甲烷、氨、

的几年里，许多科学家对此持怀疑态度。有关研究人员声称，得克萨斯小组发现的所有特征也可以用化学过程来解释，陨石上的这些迹象不需要用火星生命来解释。不过正是因为这项工作以及地球极端环境中生命研究的重大发现，美国国家航空航天局再一次把重心放在了寻找地外生命项目上。

我们对生命如何演化的理解来自仅有的唯一实例——我们自己的地球。这样的理解必然会有所偏差，当然这也是可以理解的。形成生命必需的3种

二氧化碳、一氧化碳、氮以及其他由彗星带来的复杂有机分子，比今日稠密的大气有着更高的大气压。这个化学环境从闪电、太阳辐射的紫外线和火山携带的热量中获取能量。我们从实验中获知，这种条件下的化学反应可以产生生命所需的复杂有机分子，包括氨基酸。我们在陨石中也发现了氨基酸的踪迹，证明它们可以在太阳系其他更恶劣的环境中形成。

30亿年前
微生物——简单的单细胞生物出现。

24亿年前
地球大气中的含氧量增加。

5.3亿年前
寒武纪生命大爆发导致化石记录中复杂动物的数量急剧增加。

4亿年前
伴随着几种蕨类植物和陆地植物，最早的昆虫出现在化石记录中。

一位冷冰冰的"快递员"

生命起源于地球还是来自外太空？这是科幻小说经常探讨的问题，实际上也是严肃的科学研究主题。科学家在陨石中发现了包括氨基酸在内的有机分子，另外在星际空间中也观测到有机分子的存在，甚至在一些彗星上也发现了它们的踪迹（人们在"星尘号"探测器探访的"威尔德2号"彗星、欧洲航天局研究的哈雷彗星以及其他彗星上都发现了有机分子）。另外，科学家们还发现有机分子可以在宇宙撞击这样的高能环境下存活。基于这些证据，我们不能排除这样一种假设，即生命的某些化学组分可能来自太空。

3.5亿年前
陆生脊椎动物出现，而最早的有颌鱼类出现在4.5亿年前。

2.25亿年前
恐龙出现，接管了2.75亿年前二叠纪生物大灭绝后的地球。

6500万年前
恐龙灭绝，很可能由小行星撞击地球造成。

400万年前
人类最早的祖先出现在非洲，而现代人类大约出现在10万年前。

生命的国度

目前已形成了几种关于有机分子如何形成生命的理论，但所有的理论都有一个共同的观点，那就是基于这些基本分子发生了一系列复杂的化学反应。其中一种理论认为，核糖核酸（RNA——地球上所有生命的重要组成部分）首先形成，然后其他分子形成，最终具有生命的特征，发展出复制和演化的能力。液态水是生命的必需元素，但氧气可能就不是了——在地球早期的大气中几乎没有氧气。40亿年前，阳光没有现在这么强烈，所以地球也比现在寒冷。然而，因为地球大气层中富含二氧化碳，它造成的温室效应让地表温度升高，液态海洋得以存在。随着地球生命的演化，大气中的二氧化碳逐渐减少，它们形成贝壳和珊瑚礁，而大气中氧气的浓度升高。当地球上的生命出现后，单细胞生物（主要为细菌）一直占据主导地位，直到大约10亿年前多细胞生物的出现，才打破了单细胞生物的霸主地位。尽管生命在地球历史的极早期就已经开始萌芽，但它花费了数十亿年时间才演化出相对简单的形式。陆生植物最早出现在约4

有机体几乎可以适应地球上的每一种环境。我们在俄勒冈州和密歇根州发现了地球上最大的生物——一种称为蜜环菌(蜂蜜蘑菇)的真菌，占地数千亩。它生长于地下，偶尔露出地面的部分是一个个金色的小蘑菇。

亿年前，恐龙在距今2.3亿年到6500万年前统治地球。恐龙灭绝之后，随着开花植物的出现，2.15亿年前就已经开始演化的哺乳动物开始繁荣与多样化。最终，大约在400万年前，人类的祖先在非洲出现。

为什么物种会发生演化，然后灭绝？生物体在适应环境的过程中发生着变化。具体来说，物种随着基因突变而变化，自然选择促进物种向有利于突变的方向发展。例如，一些细菌变得更加耐药和抗药。通常而言，一个物种演化成为全新的物种需要相当长的时间。当某个物种所处的生态位发生变化时，它就会因无法适应环境而灭绝。而环境的变化很可能是由灾难性的宇宙撞击或人为导致的气候变化引起的。另外，一个物种演化成为新物种时也可能导致灭绝。人们在地球上的化石中发现了大量物种灭绝和演化的证据，并且在实验室中获得了验证。地球生命的篇章浩淼而华美，也充斥着难以解答的谜团。简单生命形式的演化相对迅速，目前细菌仍然是地球上最常见的生命形式。更复杂的生物（如爬行动物和哺乳动物）则在后期才登场，并且随着地球环境的变

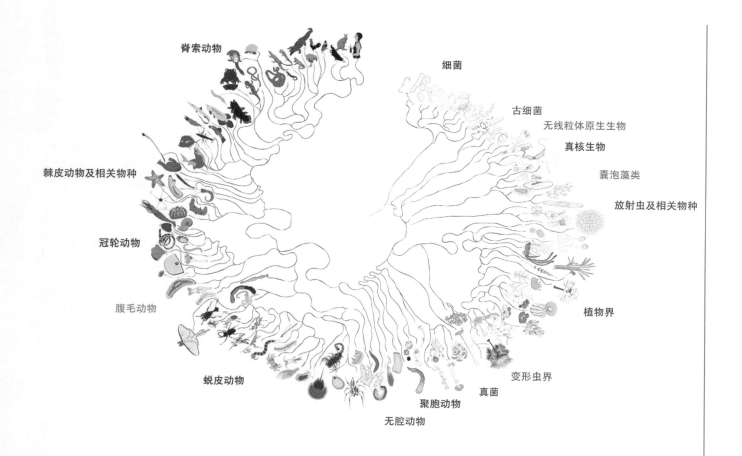

脊索动物

细菌

古细菌

无线粒体原生生物

真核生物

囊泡藻类

棘皮动物及相关物种

放射虫及相关物种

冠轮动物

腹毛动物

植物界

蜕皮动物

变形虫界

真菌

聚胞动物

无腔动物

化，数以百万计的物种出现后又消失了。以哺乳动物为例，从它们变成第一块化石到遍布全球（6500万年前白垩纪末期，恐龙因陨石撞击而灭绝之后）之间相隔1亿多年。生命的演化依赖天时地利，并且只有在稳定的生态位中才能够变得繁盛，长久地存续下去。

我们在其他星球上寻找生命时，必须时刻带着两个重要的问题：第一，这颗星球的环境是否足以使生命发生演化；第二，这种环境是否能够维持足够长的时间，以使生命得以存续并发展出多样性。

生命之树描述了地球上所有生命之间的演化关系。查尔斯·达尔文是用分支树来描述灭绝物种和现存物种之间的联系的第一人。

极端环境下的
生命形式

参见：温泉、火星和生命，第179页

当我们认识到地球上的生命远比我们想象中的更能忍受极端环境时，我们对外星球生命的想象仿佛插上了翅膀，那些原本只有在科幻小说中才会出现的生物概念纷纷走出书本。科学家们曾认为地球生命只能在有限条件下生存——平均温度大约为13.3摄氏度，并且pH相对温和（接近中性）。但我们现在已经知道有一类叫作极端微生物的生物类别，它们是最适合生活在极端环境中的生物。极端微生物属于生物分类中的古细菌，它们生存的环境包括极端温度下的环境（嗜热及嗜冷）、与地表隔绝的环境（岩内微生物——生活在岩石内的生物）、极端酸性环境（嗜酸）、极端碱性环境（嗜碱）以及厌氧环境（厌氧生物）。有些微生物甚至能在极端干旱、高盐度、高压或高辐射的环境中生存。在西班牙酸性极大的力拓河（又称"红酒河"）、美国黄石国家公园的温泉、海底火山口和南极冰层下的湖泊等地方，科学家们无一例外地发现了生命的存在。在我们的地球上，生命似乎一直在不断地重新定义何谓适合生存的环境。

地球上的生命形式极为丰富，现有生物近200万种，但人们相信还有几百万种生物亟待分类。我们发现了一株8500岁的真菌，其占地面积近10平方千米（这是地球上已知最大的生物），另外还有一种细菌可以在115摄氏度的环境中生存。细菌的数量远远超出了人类的数量。科学家们估算地球上细菌的数量约为5×10^{30}个。与之相比，人口数量（接近76亿，2020年最新数据）显得如此微不足道！简单的生命形式最先演化，它也可能是行星上数量最为庞大的族群。所以，在搜寻太阳系中的生命特征时，最好不要把重心放在搜寻外星人这类外星生物上，而是搜寻那些很可能在外星球上已经安家落户的微生物的痕迹。

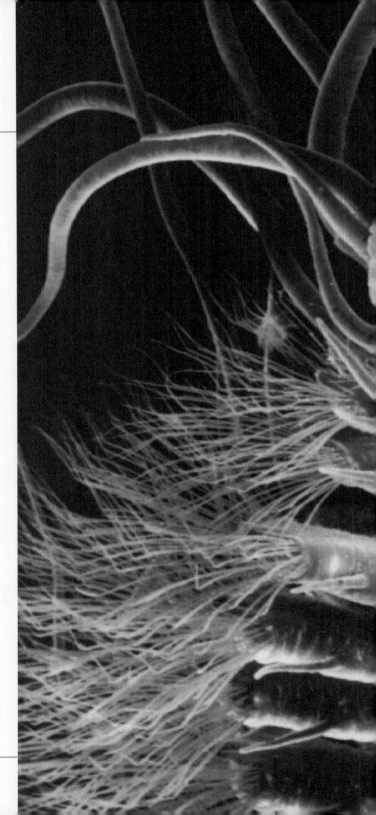

甲烷冰虫　在墨西哥湾的海床上，这种2～5厘米长的冰虫生活在甲烷冰堆积层中。海底裂缝中渗出的石油与甲烷气体在高压下形成甲烷冰水物，这些冰虫可能以其中的细菌为食。这是由美国国家海洋和大气管理局研究深海海底的小组部署的一艘小型科研潜艇发现的。而在地球上其他不适合人类活动的恶劣环境中，如西班牙的力拓河（右图），也生活着不少极端环境生物。

1mm

参见：金星：地球的过去和未来，第182页

路在何方

我们在搜寻外行星上的生命时，受我们熟知的地球的影响，搜寻方向是有倾向性的——搜寻的是那些与地球相似的存在液态水、有能量供给以及生命基本化学成分的环境。我们已经在彗星和陨石中发现了有机分子，它们如同宇宙快递员一般将这些有机分子传送到了太阳系的各个角落，所以，这3个关键要素中的最后一个并不难找到。一般而言，第二个要素也很容易满足，太阳系内所有已知的天体多多少少都曾经或正在受到火山活动的影响。而最难达成的要素是第一个：太阳系中除了地球以外，其他星球上几乎不存在液态水，并且需要水在行星表面或近地表下维持数百万年稳定的液体状态。液态水只能在相对有限的条件下保持稳定，这也迫使我们要么将搜寻的目光投向过去（曾经的火星和金星），要么投向地表之下（今日的火星和土卫二）。

在寻找地外生命的漫漫征途上，除了搜寻方向，同样重要的还有搜寻方法。目前搜寻太阳系中生命迹象的方法多种多样，包括射电望远镜阵列（不仅接收宇宙中的射电波，而且也搜寻来自智慧生命的信号）以及火星和土星卫星的轨道飞行器与登陆器（试图探索地外生命起源）。迄今为止，所有搜寻工作的重心并不是直接找到外星生命，而是搜寻形成生命所必需的要素。科学家们研究各个星球的地貌特征，分析地表岩石的成分和构成，解构大气成分，寻找液态水现在或曾经存在过的证据。而对星球重力数据和自转的详细分析则主要是为了探测是否有地下海洋存在。"伽利略号"和"卡西尼号"探测器已经探测出木卫二、土卫六和土卫二的地表下均存在地下海洋，也就是说它们具备了生命可以演化的环境。将来登陆火星和其他冰冷的外行星的登陆器除了寻找水和分析星球表面的构成之外，最终的目标是搜寻生命存在的直接证据。

位于美国加利福尼亚州北部哈特克里射电天文台的艾伦射电望远镜阵列由搜寻地外文明（SETI）研究所和加州大学伯克利分校共同管理。第一期工程包括42个碟形天线，全部建成后将总共有350座望远镜组成艾伦射电望远镜阵列。它主要搜寻来自地外的射电信号，同时兼顾其他天文研究项目。

行星世界：探索太阳系的秘密

火星

火星上干涸的河床表明过去曾有水存在。人类进行的一系列太空任务对火星上是否存在水进行了详细调查，并且获得了一些令人振奋的成果。

木卫二

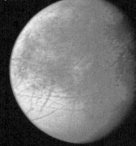

木卫二是木星的60多颗卫星中的一颗，其大小与月球相似，主要由水冰构成。它复杂的表面隐藏在一整片海洋之下，而这个海洋有多深目前仍是未解之谜。

土卫六

笼罩在整个土卫六表面的"雾霾"由大气中的有机粒子形成，这些粒子通过降雨的方式落到地面上。虽然整个星球的温度极低，但仍可能存在可以形成生命的基本粒子。

火星上是否存在生命

参见：生命的起源，第170页

在很长的一段时间内，人们都以为火星上很可能存在地外生命。无论是河床还是大型火山都表明火星上存在形成生命的两个要素：水和能量。火星上的各种地质特征表明，水在这颗星球上可能存在过很长的一段时间。南半球上的那些细窄的山谷也可能意味着火星在早期曾有一段降雨时期。而根据火山冰川留下的痕迹推断，当时一定有过降雪过程。许多证据证明，在火星历史上很长的一段时间内，大部分水以冰的形式存在于火星地壳的上层。火星上的那些宽阔的放射状河道可能是由地下水层突然喷发冲击地表而形成的，这种情况可能由陨石撞击或大型火山喷发融化了地表下的冰层所致。

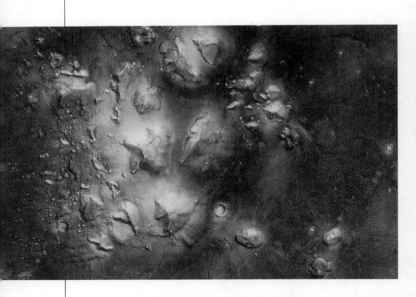

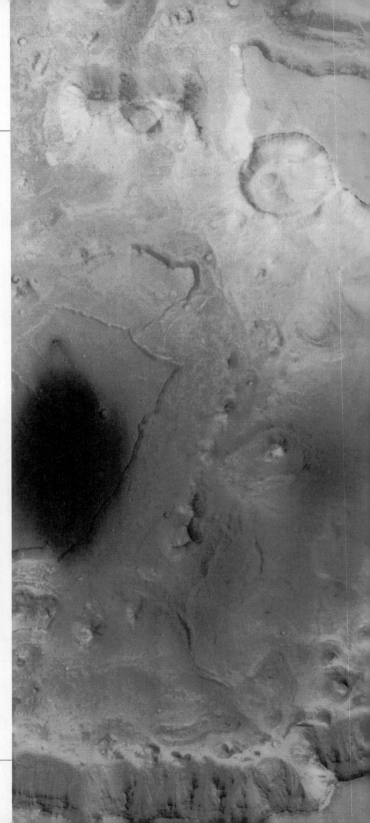

在"海盗号"探测器拍摄的图像中，一块小型岩石台地看上去像人的面孔，一时引起了轰动，并被冠以"火星之脸"。但随后更清晰的图片显示，这是由自然地质构造偶然形成的现象，而并非大家认为的火星文明留下的作品。

温泉、火星和生命 火星上的水手峡谷留下了被流水侵蚀过的证据（背景大图）。要寻找火星上曾有过生命的证据，最好的搜寻地点无疑是那些地表长期有水的地方，比如年代久远的温泉地区。例如，在怀俄明州的黄石国家公园（右图），靠近地表的岩浆加热了地下水层，从而形成了温泉。1966年，托马斯·布洛克博士在黄石国家公园里发现了第一种嗜热细菌，而今天已知的嗜热细菌达到了50多种。很多人认为地球生命起源于类似的温泉环境。研究人员通过将地球上的温泉地区（如猛犸山温泉）的化学成分和地貌特征与火星地貌进行对照，来寻找火星上的古温泉地区。

美国与欧洲的火星探测计划在探索火星上水的历史时都遵循一个原则，那就是"追寻水留下的痕迹"。火星生命之谜的关键就是水：它在火星地质演化和气候变化史上都有极其重要的作用，也是未来人类探索火星计划中的重要支持资源。轨道探测器拍摄的图像显示，火星上有两个地区（古瑟夫撞击坑和子午线高原）在远古时期很可能是水资源比较充沛的区域。随后火星车"勇气号"与"机遇号"进行了更详尽的探索。在子午线高原，"机遇号"发现了地质证据，表明那里存在过强酸性的丰水环境，并且发现了可能由流水造成的沉积岩。"勇气号"火星车在古瑟夫撞击坑中也发现了在有水环境下才能形成的矿物质，尽管此地的水似乎没有那么丰富。虽然两辆火星车都没有发现生命存在的直接证据，但子午线高原的环境与条件在某种程度上是适合生命存在的。

木卫二的水密码

参见：木卫一上的火山，第89页（图片）

在第4章中，我们介绍了木星的潮汐引力如何造就了一颗火山活动频繁的卫星——木卫一。木卫一主要由硅酸盐组成，所以潮汐引力产生的热量融化了内部物质后，形成的岩浆喷涌到地表。在木星的另一颗卫星木卫二上，内部物质也受到潮汐引力的作用而融化，与木卫一不同的是木卫二内部大部分都是水冰。"伽利略号"探测器测量了木卫二的引力场，结果显示其表面之下的某个区域存在着液态海洋——水层厚度很可能达到了100千米。此外，我们在木卫二的表面图像中发现了冰火山，这为地下海洋的存在平添了一分可信度。低温火山与地下海洋证明在木卫二上已经具备了生命所需的两大要素：液态水和能量。加上我们知道整个太阳系中有机分子的存在非常普遍，所以它们可能已经在木卫二上扎了根。

我们希望知道木卫二的地下海洋离地表的距离。时不时地，木卫二的地下水会随着火山的喷发而涌出地面，然而，因为木星的辐射过于强烈，足以杀死地表上的任何生物，所以我们将探寻的目标放到了木卫二的地表之下。一般认为它的地壳厚度为10～25千米，可能在部分区域更薄一些。整颗卫星上陨石坑的形状基本相同，这说明地壳的厚度基本一致。某些科学家认为，地下海洋"渗透"到地表后形成了部分地区异常复杂的地形。但我们要确切地评估木卫二上存在生命的可能性的话，必须在木卫二的地壳上寻找到可以获取地下海洋样本的薄弱之处。美国国家航空航天局因此讨论了种种可以进入地下海洋寻找生命迹象的方案，比如利用适应低温环境的机器人融化木卫二冰冻的地壳，潜入漆黑的地下深海获取样本。

木卫二上最可能存在的生命类型是单细胞生物，它们不需要阳光就能生存。木卫二上的深海生物

木卫二上的科纳马拉地区存在大块的冰壳，它们可以像浮冰一样碎裂和移动。这表明木卫二的地下海洋可能就位于该区域的表面附近。

将不得不利用已有的化学物质来维持生命活动，地下深海可能有着类似于地球水热环境的化学反应，而地球上的每个水热环境都是一个微型生态系统。

深海热液喷口

深海热液喷口下方的岩浆热源加热地下水层，导致了温度极高的、富含矿物质的水的间隙性或持续性喷发。它们实际上是海底的间歇泉，周围有大量的海洋生物。一般有两种类型的热液喷口：黑烟囱与白烟囱。黑烟囱喷发的液体的温度更高，因为高温熔化了液体中的金属，它们与海水反应后形成了黑色颗粒。随着热液从喷口持续喷出，矿物质在原始喷口周围逐渐沉淀形成高高的"烟囱"，就像这些在太平洋洋底拍摄的照片显示的一样。"烟囱"最高可以达到30多米。1977年，人类首次在太平洋洋底发现热液喷口。如今在大西洋中我们也发现了热液喷口的踪迹。

金星：地球的
过去和未来

参见：温室效应，第145页

金星上有生命存在吗？金星表面的温度高达480摄氏度，稠密的大气层中富含二氧化碳，大气压极高，毫无存在生命的可能性。但它在远古时期是否也如今日一样荒凉？通过对金星大气历史的研究，我们得知在金星历史的早期，其表面很可能存在过液态海洋，而且可能存在了10亿年之久。同一时期，地球上演化出了简单的单细胞生命。那么，金星上是否发生了同样的演化？对金星表面岩石和大气的进一步化学检测将可能解答这个疑问。通过追踪金星大气中化学示踪剂的成分，我们可以更加了解这颗行星的早期历史。而通过检测岩石的成分，同样可以追踪这颗行星上关于水的历史，因为水对岩石成分有着极其特殊的影响。与人类在火星上所做的相同，我们要证明金星上过去有生命存在，最佳证据无疑是一块包裹着生命痕迹的古老化石。然而，相应的搜寻工作就像大海捞针一样困难，连建造一台可以在金星上登陆开展搜寻工作的探测器都超出了人类目前掌握的技术水平，并且金星上极其活跃的火山活动很可能已经摧毁和掩盖了早期的岩层。我们从金星雷达图像中看到的大部分行星表面形态形成于7.5亿年前，而那时距水从金星上消失已经过了许久。金星上的水最后去了哪里？当金星表面的温度升高时，远古的海洋开始蒸发。因为水蒸气也是一种温室气体，大气温度变得更高，导致了蒸发作用更加强烈，气温更高。整颗行星笼罩在失控的温室效应之中，直到其表面的水全部蒸发完。大气中的水分子在太阳辐射下分解为氢气与氧气，最终氢气散逸到太空之中。与金星相比，地球幸运得多，我们和太阳的距离比金星远得多，合适的气温让水蒸气无法从地球大气中逃逸。

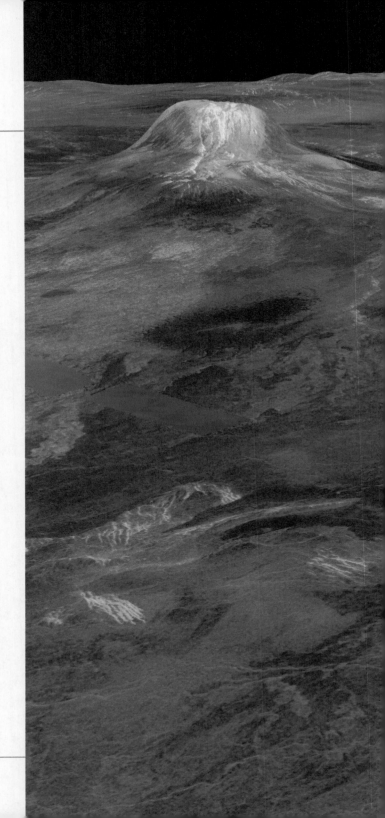

干燥的星球 这张图片中显示的是金星上的两座火山（背景大图），图片在地形图上叠加了雷达图，并且为了模拟金星上浓密大气的过滤效果而添加了色彩。在地球上的任何干旱地区都能找到水曾经作用过的痕迹，比如达科他州北部荒漠上的干涸河床（右图）。但是金星上早期形成的河床可能都被熔岩流覆盖住了，或者碎裂成复杂的构造地形。为了寻找金星上曾有水存在的证据，我们需要登陆金星去搜寻最古老的岩石，因为它们很可能还留有潮湿时代的印记。

黑猩猩

　　卢旺达、刚果和乌干达的边境处坐落着维龙加火山链，这里也是濒临灭绝的东部大猩猩亚种——山地大猩猩生活的家园。此种大猩猩因已故的戴安·福茜（1932—1985）的研究工作而为人熟知，后被拍摄成了电影《迷雾中的大猩猩》。在1994年4月的第一次"空间雷达实验室"任务中，汤姆来到了空间轨道，而我在位于得克萨斯州休斯敦的约翰逊航天中心协助开展科学项目。就在"奋进号"航天飞机发射之前，我们接到了斯科特·马德里博士的电话。他当时在戴安·福茜大猩猩基金会工作，他问我们是否可以用雷达拍摄维龙加火山周围大猩猩的生活区。他们想根据植被的分布情况来了解大猩猩所生活的偏远崎岖、人们难以抵达的栖息地的范围。我们非常高兴能参与到保护濒危物种的行动中，并很快找到了方法搜集他们想要的数据，将之安排进了我们的第一次任务和秋天的第二次任务中。这张照片是整个任务中我最喜欢的一张，不仅仅是因为它对于了解濒危物种大猩猩栖息地的重要性，而且也因为图中所表现出的壮丽火山与周围呈梯田状分布的植被之间的强烈对比。这张伪彩色雷达图片由第一次航天任务中两个波段的雷达数据合成而来。左边的黑色区域是基伍湖，它位于刚果民主共和国和卢旺达的边境。位于图片中央的卡里辛比山的海拔为4500米。

——艾伦·斯托芬

濒危的大猩猩　在非洲这个饱受战争蹂躏的地区，目前仅存约700只非洲大猩猩。它们被猎杀，被抓捕进动物园，被疾病侵扰，甚至还被卷入了人类的战争。野生动物组织，特别是戴安·福茜大猩猩基金会，一直致力于打击偷猎行为并努力保护大猩猩栖息地。

土卫六和土卫二

在土星的众多卫星中，土卫六和土卫二为太阳系中能成为生命基地的星球提供了别样的可能性。它们两个都具备生命所需的三大要素：有机分子、水以及能量。这3种要素是科学家斯坦利·米勒和哈罗德·尤里在他们著名的实验中所获知的。土卫六和土卫二的能量均来自卫星内部的低温火山活动。但它们的不利条件在于距离太阳较远，表面温度极低。土星与太阳的平均距离约为14.29亿千米，这造成土卫六的表面温度仅为零下179摄氏度，土卫二的表面温度更低，仅为零下196摄氏度。我们知道两者的表面温度远低于我们认为生命能够生存的温度，但它们很可能拥有一个较为温暖的地下海洋。在零下29摄氏度的岩石中，水可以薄膜的形式保持液态，同时人们在地球上已发现细菌可以在这种低温下存活。然而，我们也需要提醒自己，人类所有对生命的低温极限的认知都受限于我们在地球上已知的情况。

斯坦利·米勒(上图)和哈罗德·尤里通过将水、甲烷、氨气和氢气混合并释放电火花来模拟闪电，最后用冷凝器将这些气体凝结成液体。一周后，生命的最基本组成要素——氨基酸形成了。

在土卫六上优先探索的是湖泊遍布的北方地区和南极附近，这些地方的有机分子最有可能演化出生命形式。也有人推测土卫六赤道地区的沙丘地貌可能是由大气中的有机颗粒"降雨"形成的。土卫六的化学组成与地球早期相似，除了缺少一个富含二氧化碳的大气层。可能存在的冰火山活动以及含量丰富的有机物，均使土卫六成为我们搜寻生命迹象的有力候选者。虽然它的温度实在太低，连最简单的生命形式都无法生存，但存在的那些复杂的有机分子或许可以帮助我们了解地球上的生命是如何形成的。另外，"卡西尼号"的科学家们对土卫六的轨道特征进行了分析，得知它也拥有一个类似于土卫二的地下海洋。与土卫二类似，生命可能在这更温暖的地下液体环境中萌芽。为了进一步明确土卫六和土卫二上是否存在生命，我们需要进行更深入的研究。

"卡西尼号"的科学家们从先前"旅行者号"掠过土星时所拍摄的图像中已经注意到了土卫二表面的巨大裂缝。但随后"卡西尼号"探测到了裂缝上方异常的高温并拍摄到了正在喷发的间歇泉，这令科学家们大为震惊。"卡西尼号"掠过间歇泉喷发的气体云并探测到其中含有水蒸气、二氧化碳、一氧化碳和其他有机物。土卫二上有着丰富的有机物和可以形成地下海洋的内部热能，而内部液体喷发到卫星表面的现象也说明将来探测器存在探测次表层的可能性。

如果土卫六或土卫二上确实有生命存在，那会是什么样的生命形式呢？地球上生活在极端环境中的微生物可以为我们提供一些思路。有一种微生物在没有氧气的环境中也能生存，还有依靠岩石中放射性元素的衰变而存活的细菌，以及依靠不同岩石间发生化学反应产生的能量生存的细菌。另外一种猜测是，土卫六和土卫二的地下海洋同样可能形成海底热液喷口，在那里生命可以茁壮成长。

重返土卫六 科学家们迫不及待地想要重返土卫六，更深入地研究它那富含有机物的卫星环境（下图为2005年"惠更斯号"在土卫六上着陆的艺术图）。然而，飞行器至少要花7年时间才能飞抵土卫六！所以，新的探索计划需要尽量完备，包括利用轨道飞行器来绘制整颗卫星表面的地图，以了解它的内部结构，同时还需要可以采集和调查卫星表面有机化合物的着陆器。科学家们还在研究可以在土卫六上空飘浮的气球装置。将来着陆器的首要着陆目标是土卫六上的那些湖泊以及靠近赤道的富含有机物的沙丘区域。

前路漫漫

参见：宜居带，第204页

　　地球上的生命如此丰富多彩，如果我们在太阳系中的其他星球上找到了生命的踪迹，那么它们很可能只是极其简单的单细胞有机体。地球所处的位置称为宜居带，它与太阳的距离恰到好处，行星表面的水可以常年维持液态。而处在宜居带边缘的天体（比如火星与金星）的表面也可能曾经遍布水源，并且稳定存在了足够长的时间，以至可以演化出生命。时至今日，在某些特殊的环境中可能还保持着某个生态环境，特别是在火星上。在太阳系中更遥远的地方，在木卫二冰层下的海洋中，甚至在土卫二和土卫六上，都可能存在着适合生命生存的环境。我们一直在太阳系中寻找生命存在或存在过的证据。在下一章中，我们将叙述人类为寻找另一个"地球"所做的努力与探索：在其他的恒星系统中或许存在适合生命生存的星球。

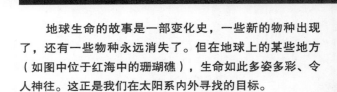

　　地球生命的故事是一部变化史，一些新的物种出现了，还有一些物种永远消失了。但在地球上的某些地方（如图中位于红海中的珊瑚礁），生命如此多姿多彩、令人神往。这正是我们在太阳系内外寻找的目标。

第9章
新世界

哈勃空间望远镜拍摄下了正在熠熠星光中坍缩的氢分子云。巨大的
柱状分子云中可能孕育着新的恒星和行星。

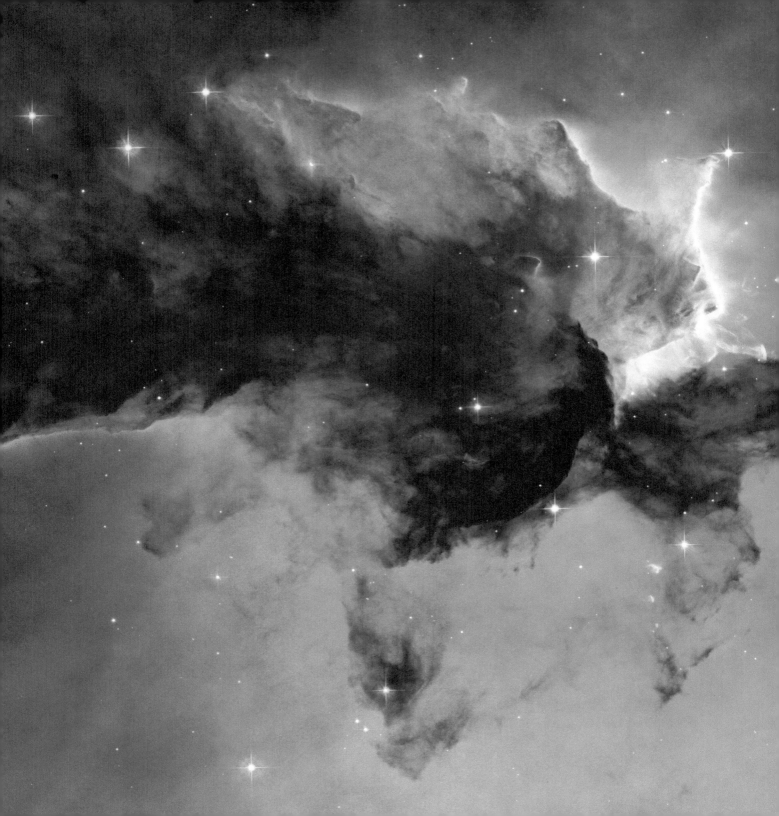

太阳系的近邻

参见：行星动物园，第202页

　　无论是在太空中，还是在地球上，我们人类都只是这个小小的太阳系中的原住民。地球的邻居行星特征各异，从严寒到酷热，从小个子到巨行星，从岩质行星到冰冻行星，从地质活动频繁到荒芜死寂。然而至今为止，只有地球孕育出了生命。

　　在很长的一段时间内，我们都怀疑银河系中的其他恒星也同太阳系一样拥有行星系统，但在数千年的时间里我们能够研究的只有太阳系这一个对象，我们的望远镜尚无法看清数万亿千米之外的世界。1995年，天文学家们宣布发现了距离地球50光年处的一颗围绕飞马座51运转的行星。这颗行星的质量约是地球的150倍，它的轨道非常接近主恒星，公转周期只有4.2天。由于公转半径过小，这颗行星被其主恒星的热量灼烧，温度极高。但即使如此，这颗不适宜居住的行星的发现，也让太阳系不再是唯一已知的行星系统。只要发现了一颗系外行星，那么宇宙中必然有成千上万个同类。从概率上讲，即使没有数十亿，也有百万量级的行星游荡在太阳系外。

　　从位于太平洋中心的复活节岛向夜空望去，点点星光间缠绕着卷须状的黑色星际尘埃，它们围绕着我们星系的中心。

　行星世界：探索太阳系的秘密

M51星系　M51星系是著名的旋涡星系，它的两条旋臂上闪耀着数十亿颗恒星发出的光芒。距离我们3100万光年之外，旋臂通过压缩氢分子云来促使更多新星诞生。2005年1月，哈勃空间望远镜拍摄了这张图片，图中明亮的粉色区域是活跃的恒星形成区。而旋臂外侧边缘处的蓝色部分指示的是年轻的星团，其中一些环绕着新近诞生的行星（右图，艺术概念图）。

苦苦搜寻

参见：看见"无形"，第198页

自从哥白尼发现地球只是太阳系行星家族中的一员并以椭圆轨道绕着太阳运转以来，天文学家们一直在寻找其他行星围绕恒星运转的证据。但是，随着我们越来越了解星际间的真实尺度，使用早期望远镜的天文学家的希望破灭了。距离我们最近的恒星是比邻星，距地球4.22光年，超过40万亿千米。但在这个距离上，人类现有的设备既无法分辨出行星与其主恒星之间的微小偏离，也无法从主恒星的辉光下看清行星的踪影。无论是今天地球上口径最大的望远镜还是哈勃空间望远镜，都无法看清楚是否有另一个"地球"围绕着比邻星运行。

在20世纪的大部分时间里，人们一直在寻找其他具有行星的恒星系统，但都一无所获。到了20世纪80年代，天文学家们灵机一动，意识到或许有一种方法可以找到其他行星系统。他们通过计算得

系外行星系统	
截至2008年，科学家们已经在银河系中发现了300多颗系外行星，其中大多数都在距离地球300光年的范围内。我们将在下面的几页中描述不同类型的行星。	
系外行星	303
具有行星的恒星	259
气态巨行星	200
热木星	76
脉冲星行星	4
类地行星	0

出，即使无法看清行星，无论行星多么微小，它所具有的引力也会对其主恒星造成扰动，而且扰动方向随着公转的进行而发生变化（木星导致太阳每6年来回摆动一次，幅度约为742000千米）。主恒星的这种微小运动可以通过多普勒效应进行测量：星体发出的光波的波长会因为波源和观测者的相对运动而发生变化。如果星体向观测者运动，则光波的波长变短，也称为蓝移；如果行星反方向扰动恒星，则它的光波发生红移。利用天体望远镜上的精密光谱仪，我们可以分析多普勒效应。波长位移可以告诉我们恒星相对于我们的运动速度和未知的扰动源的质量。不可见的行星的公转周期（和轨道半径）也可以通过扰动方向变化的时间周期而计算得知。

1995年，天文学家通过这种方法发现了飞马座51，并且随着越来越多的科学家参与这项艰巨的工作，人类发现的系外行星的数量突然猛增。截至2008年，我们已经发现了303颗系外行星环绕着259颗恒星运转。而随着天文望远镜和其他观测设备精度的提升，天文学家终于可以从多普勒效应法转向其他直接观测方式来搜寻系外行星。

观测一颗恒星附近的行星的反射光，就像试图在高亮度探照灯的光束中分辨出一只萤火虫的光芒。

坍缩中的恒星分子云 任何恒星系统（包括我们身处的太阳系）的诞生都源于一团混合着死亡恒星残骸的冷气体尘埃云的坍缩过程。气体尘埃云在其自身引力的作用下加速坍缩。不到10万年，一颗由氢气的聚变过程提供热量的新星就闪亮登场了。而在新星的周围，某颗行星可能正在形成。

如此近，而又如此遥远

"我刚在地球上空度过了如此美妙的一晚……飞越印度洋，掠过菲律宾。语言无法表达我的感受，我从未在地球上看到过如此多的星星。南半球的星空璀璨夺目，南十字座一直悬挂在南半球的地平线上，掩映在地球的辉光之中。在东南亚的阵阵雷暴中，绸缎般的银河从我视野的左下方一直延伸到右上方，横贯整个天幕，指向麦哲伦星云……我看到一颗流星从下方划过。我看见曼谷城中灯火通明。这是多么令人震撼的一片夜空。我告诉前来听我演讲的听众，如果你在一个漆黑的夜晚外出，就能在夜空中看到无数颗星星。但这并不完全正确。事实上，从太空中看到的星星要比在地面上看到的多得多，也明亮得多——显得那些亮度更高的星星都不那么明亮了。而这只是在'哥伦比亚号'航天飞机上所看到的美妙夜景的一部分……"

1996年末，第三次执行空间轨道任务时，我从机载记录仪中又读到了这段话，仿佛又回到了飘浮在那片星空下的时光。每次看到地球的地平线之上点缀着点点繁星，星云锦簇，我和同事都不由得惊叹连连。我们已经身处320千米的高空，但仍心系远方：在那片如丝绒一般的深空中，在那亿万条星光之外，究竟还有什么？什么都不能阻挡我们对这个神奇宇宙的心驰神往。

——汤姆·琼斯

火箭也无能为力 太空中的宇航员仿佛伸手就能触碰到星星，实际上那些地外行星与恒星离我们仍有难以逾越的距离。月球离地球约38万千米，使用化学燃料的火箭大约需要飞行3天才能到达。而往返于向地球飞来的小行星的话，需要花上三四个月的时间。火星离地球最近时的距离约为5600万千米，大约是月地距离的150倍。这个距离火箭已经无法直线抵达，而要用一种弧线推进、燃料利用效率更高的方式，花费6~9个月才可以抵达火星。一次往返航行，包括等待地球和火星运行到二者相距最近的距离时，至少需要花费2.5年的时间。冥王星距离太阳60亿千米，单程也需要在深空中航行至少10年。而离太阳系最近的恒星，在4.22光年之外的比邻星，则又在另一种讨论范畴里。传统的宇宙飞船需要飞行73000年才能抵达比邻星。

看见 "无形"

参见：苦苦搜寻，第194页

　　从发现第一颗系外行星开始，天文学家们在寻找行星这件事上便开启了竞赛模式。自从研究人员了解了如何制造灵敏的光谱仪以探测微小的波长位移（每秒仅几十厘米的摆动），利用多普勒效应寻找系外行星便迎来了第一波发现高峰。但天文学家很快发现了其他探测方式。一些行星绕着它们的公转轨道运转到地球和其主恒星之间时，主恒星的亮度会轻微减弱。发现凌星现象后监测其重复的频度，可以确定行星的公转周期。随着仪器精度的提高，我们甚至可以更遥远的恒星为背景，通过对比直接观测到系外行星所造成的摆动。利用这种天文测量技术探测到的摆动幅度，我们可以计算出看不见的行星的质量及其运行轨道。

　　天文学家们也发现了一些其他的系外行星，当它们偶然移动到一颗背景恒星与地球之间时就能被探测到。某颗恒星的光在受到邻近恒星的引力影响时会发生弯曲，像光经过一个透镜时发生折射一样，如果有行星存在，那么折射模式中就会出现一点不规则的情况。这种不对称模式证明有系外行星存在。然而这种引力透镜无法普遍应用，因为需要恒星、行星与地球排列成一条直线，而这种情况是相当少见的。还有一种方法用于发现围绕中子星（脉冲星）运转的行星——中子星是超新星爆发后残余的密度极高的星体。这种方法的原理是，通过观察脉冲星自转过程中的细微变化来确认是否有行星环绕着它。这些系外行星都曾经围绕着它们的主恒星运转，直到主恒星爆炸，变成了死寂一般的星球。

　　天文学家们希望在未来的10年内能够消除主恒星的炫光的影响，直接获得行星的图像。其中一种方法是设计一种望远镜，可以精确过滤主恒星辐射的光，只允许行星微弱的反射光通过。另一种技术称为干涉测量法，将来自两个望远镜的光波相叠加，但在其中一束光波中引入主恒星光波的微小相位差，从而滤除主恒星的光芒。

"天眼" 我们的太阳系形成于46亿年前环绕在早期太阳周围的尘埃与气体云团中。科学家们观察到一些邻近的恒星周围环绕着类似的圆盘，它们当中有的可能正在形成行星，有的可能是新生的行星相撞后留下的碎片云。例如在2007年末，美国国家航空航天局的斯皮策空间望远镜（背景大图）发现一颗类太阳恒星周围环绕着盘状结构，它距我们450光年，被命名为UX Tau A。环绕着这颗恒星的原行星盘大约才形成100万年，行星盘中有明显的"空带"结构，宽度大约是水星到冥王星的距离。科学家推测行星会清除其轨道上的尘埃与碎片（右图，艺术概念图）。这有力地证明了行星通常是由类太阳恒星周围环绕的圆盘形成的。

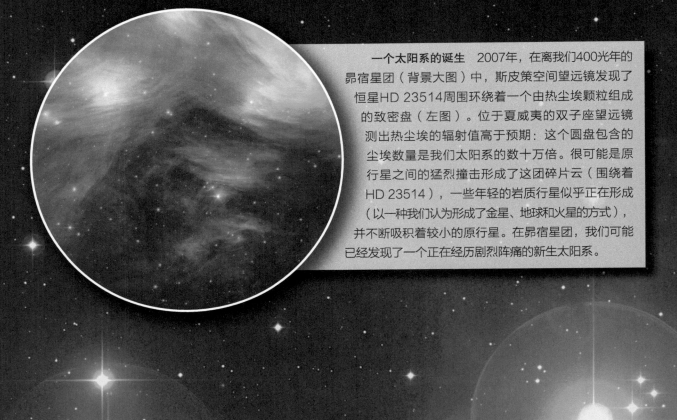

一个太阳系的诞生 2007年，在离我们400光年的昂宿星团（背景大图）中，斯皮策空间望远镜发现了恒星HD 23514周围环绕着一个由热尘埃颗粒组成的致密盘（左图）。位于夏威夷的双子座望远镜测出热尘埃的辐射值高于预期：这个圆盘包含的尘埃数量是我们太阳系的数十万倍。很可能是原行星之间的猛烈撞击形成了这团碎片云（围绕着HD 23514），一些年轻的岩质行星似乎正在形成（以一种我们认为形成了金星、地球和火星的方式），并不断吸积着较小的原行星。在昂宿星团，我们可能已经发现了一个正在经历剧烈阵痛的新生太阳系。

行星动物园

虽然太阳系里的成员个性十足、形态迥异，但放眼银河系时才知道什么是异域风情。我们看到了如同木星一般大小的酷热行星，它只需要一天就可以绕自己的"太阳"运行一周；也看到了冰冻的行星在红矮星辐射的微弱热量形成的区域边缘处旋转；还有一些处于混乱状态的行星，它们相互碰撞，仿如世界末日。目前人类发现的系外行星主要分为6种类型。

有些是超热木星，它们以极快的速度绕着自己的主恒星旋转，公转一周只要不到两天的时间。其中大约6颗超热木星的质量为木星的50%以上。

第二种常见的类型称作热木星，因为它们绕主恒星旋转的公转轨道与木星相比要小得多。我们已经发现了50颗热木星，它们的公转周期为2～7天。

而我们发现的大多数系外行星都是"偏心"的巨行星，其平均质量为木星质量的5倍。这些行星以偏心率很大的椭圆形轨道绕着它们的主恒星运转。

大约7%的类日恒星被这些质量巨大的行星所环绕。

那些在体积上与太阳系中的气态巨行星相似的系外行星称为长周期巨行星。这种类型的行星的体积及其与主恒星的距离都与木星或天王星类似，但它们通常要花上十几年甚至更久的时间才能绕它们的主恒星公转一周（同时对主恒星产生牵引力），这也意味着我们刚刚能够观测到它们对主恒星造成的摆动效应。因为它们的公转轨道很大，天文观测者们希望我们的设备可以过滤主恒星的强光，直接观测行星。

另一种与太阳系中的行星相似的系外行星是热海王星，其质量是地球质量的5～30倍。但除此之外，它们与我们的太阳系毫无相似之处。这些天体紧紧环绕着它们的小质量主恒星运转，两三天就可

热木星（下图，艺术概念图）在几天内绕主恒星运行一周，因为它们的公转半径很小，从地球上就能够观测到它们与自己的主恒星之间的周期性引力牵引。

以绕行一周。

　　在当时已经发现的303颗系外行星中，大部分行星的质量大约是木星质量的1.5倍。但我们最迫切地想寻找的是那些与地球相当的行星。这些类地行星的直径大约是地球的一半到两倍，质量是地球质量的1/10到10倍，因为个体太小，它们无法对自己的主恒星产生太大的引力，超出了目前望远镜的探测极限。在一些脉冲星附近我们探测到了与地球大小相当的行星，但是随着超新星爆发的发生，主恒星变成了中子星。这些行星肯定也在事件之中永久地沉寂了。

　　但我们仍在寻找类地行星。2005年初，天文学家在两颗奇特的红矮星附近找到了迄今为止最小的行星。宇宙中的红矮星随处可见，银河系中约75%的恒星都是红矮星，而在太阳附近的100颗恒星中有80颗是红矮星。Gliese 876（位于宝瓶座）距离地球15光年，天文学家通过多普勒效应发现了一颗环绕着它运行的系外行星，其质量仅为地球的7.5倍。但据我们所知，这颗系外行星（Gliese 876d）离它的主恒星（红矮星）的距离仅有320万千米。在这颗行星上，它的"太阳"的视面积是月亮的24倍。它仅需46小时就可以围绕主恒星运行一周，其表面温度为204～370摄氏度，至今我们仍无法得知它是一颗滚烫的类地行星，还是气态行星。

　　第二个候选者发现于2007年。Gliese 581是另一颗红矮星，距离我们20.5光年，位于天秤座，其质量是太阳的1/3，亮度只有太阳的1/50。在Gliese 581附近发现的第三颗系外行星的直径是地球的一半，质量是地球的5倍。尽管它的公转轨道仅是地球公转

搜寻系外行星的终极目标是找到位于其主恒星宜居带内的第二个地球（上图，艺术概念图）。

轨道的1/14，但来自主恒星的微弱能量辐射也意味着它可能处于"最佳位置"——它的温度可能允许水以液态形式存在。

宜居带

参见：生命的起源，第170页

　　虽然目前我们只发现了几颗地球大小的系外行星，但随着望远镜观测技术的发展，我们发现的系外行星的数量毫无疑问会不断增长。我们最想找到的是与地球一样的岩质行星，其表面可能存在稳定的液态水——这是生命必需的基础要素之一。围绕每颗主恒星的温度适中、可以使水维持液态的区域称作宜居带。

　　正如我们在第8章中所了解的，对于类日恒星来说，适合液态水存在的宜居带大致上位于火星轨道和金星轨道之间。在Gliese 581恒星系统中，系外行星Gliese 581c离主恒星太近，环境过于险恶，但行星Gliese 581d处于主恒星的外围轨道上，经计算得出它正好处于主恒星的宜居带内。因此，行星Gliese 581d成为可能拥有液态水的候选者。然而我们发现这颗温和的超级地球的兴奋之情却被它诡异的、过于靠近主恒星的公转轨道浇了一盆冷水。主恒星的引力永久地锁定了行星的同一面朝向主恒星，所以其受到光照的一面和背阴面的温度走向两个极端。迄今为止，我们尚未找到和地球环境同样温和的行星。

　　但是，在未来20年内，随着探测技术的进步，我们将发现更多的类地系外行星。一旦在主恒星的宜居带内发现了类地系外行星，我们就可以进行下一阶段的探索。

　　我们将使用地面上口径最大的望远镜以及新一代的空间探测手段获取这些类地系外行星反射光的光谱，分析它们的组成成分。行星大气反射和吸收其主恒星"阳光"的模式可以告诉我们这些大气的关键信息。我们已经知道，氧气分子、臭氧分子和水分子都能够产生明显的吸收谱，从而被光谱仪检测到。我们最想了解的是类地系外行星上是否有游离态的氧原子和水蒸气，如果行星上出现这两种物质，那么此星球很可能适合生命生存，而且意味着存在某种机制，将游离态的氧原子泵进大气层。这里的"某种机制"或许就是生命。

生命的多样性 波拉波拉岛位于太平洋上的社会群岛中。我们星球的地理位置及其独有的生命元素共同创造了适宜生命生存的气候，而波拉波拉岛是其中的一个典型代表。在不久的将来，大型地面望远镜和空间探测器将发现更多新的类地系外行星。我们能否在宜居带内找到一颗与主恒星的距离恰到好处且具备生命所需的化学元素的行星呢？在另一个"地球"上，生命会是什么样子？对于这些问题的好奇心驱使我们不断地探索宇宙。

参见：行星观测，第18页

寻找"地球"

以目前的技术能力，我们尚不能探测地球大小的行星，即使它们绕着离我们最近的恒星轨道运转。但随着望远镜技术的发展，尤其是空间望远镜技术的进步，我们将突破观测极限。哈勃空间望远镜已经被用来探测行星引起的恒星摆动，并且是第一架探测系外行星大气成分的望远镜。美国国家航空航天局主导的开普勒计划是于2009年发射一架口径为1米的望远镜，该望远镜上安装的灵敏的光度计可以探测到地球大小的行星的凌日现象。

美国国家航空航天局的一个长期目标是发射第三代大型空间望远镜，即类地行星探测器。两台类地行星探测器能够探测和描绘出最远45光年、最多200颗恒星系统中的类地行星的特征。探寻项目主要寻找具有大气特征（例如水、二氧化碳和臭氧）的宜居或不宜居（即使不是智能生物，但确实有生命存在）的行星。类地行星探测器将使用遮挡日冕仪或干涉测量技术来减少来自主恒星的强光，并直接拍摄系外行星。这一充满雄心壮志的探测任务可能

寻找"地球" 在寻找类地系外行星的新仪器中，有的是位于夏威夷莫纳克亚山的口径最大的望远镜（背景大图），有的位于太空，目的是检测系外"地球"的大气成分，而某些大气成分的组合可能意味着存在生物。游离态的氧原子和水可能表明有类似光合作用的过程在起作用，甲烷和一氧化二氮也是与生命形成有关的化合物，一旦发现这些成分，我们就会全力探索这些类地系外行星。

在未来20年或更长的时间内完成，我们将首次深入了解在未来几十年通过地面和太空搜索发现的类地系外行星。

宇航员们在空间轨道上穿越地球阴影的那45分钟之内经常会眺望深空。飘浮在太空舱内，面朝舷窗，银河闪闪发亮，我们仿佛在星海上游曳。在这亿万颗星球里，有哪些未知的世界存在？它们是否也在回望我们？如果回答"是"，那么它们的世界又是什么样子的？

在太阳系中发现的许多地质现象令人激动，超出了许多人的已有认知，宇航员回到地球之后需要重新研究和学习。今日，地面望远镜正在全力搜寻那些类地行星。而当那一天来临的时候，对地球及其近邻行星的了解是我们探索类地系外行星表面以及生命宜居性的基础。不管将来是人类登陆还是派出探测器探索，地球永远是我们了解系外类地行星的那本不可或缺的教科书。

拓展阅读

第1章

Beatty, J.K., C.C. Petersen, and A. Chaiken, eds. *The New Solar System*. Cambridge, MA: Cambridge University Press, 1998.

Chapman, Clark R. *Planets of Rock and Ice*. New York: Scribners, 1982.

Jones, Tom. *Sky Walking: An Astronaut's Memoir,* New York: Smithsonian-Collins, 2006.

New Frontiers in the Solar System: An Integrated Exploration Strategy, Solar System Exploration Survey. National Research Council, 2003.

McFadden, L.A., P.R. Weissman, and T.V. Johnson eds. *Encyclopedia of the Solar System*, 2nd Edition. San Diego: Academic Press, 2007.

Stern, S.A. ed., *Our Worlds: The Magnetism and Thrill of Planetary Exploration*. Cambridge: Cambridge University Press, 1999.

Earth Observatory

Visible Earth

Cities Collection

SIR-C X-SAR images

Shuttle Radar Topography Mission

General NASA information

European Space Agency

Apollo Lunar Surface Journal

Nine Planets—solar system information

NASA images

Mars exploration program

第2章

Schmitt, Harrison H. *Return to the Moon*. Copernicus Books, 2006.

Spudis, Paul D. *The Once and Future Moon*. Washington, D.C.: Smithsonian Press, 1996.

Association of Space Explorers–Near Earth Object Committee

NASA NEO Program Office

Yellowstone Volcano Observatory

Supervolcanoes—Scientific American

Deep Impact comet mission

NEAR Shoemaker—mission to Eros

Hayabusa asteroid mission (Japanese Space Agency, JAXA)

Dawn asteroid mission

第3章

Cooper, H.S.F. *The Evening Star*. New York: Farrar, Straus, Giroux, 1993.

Grinspoon, D.H., *Venus Revealed*. New York:Basic Books, 1997.

Hamblin, W.K. and E.H. Christiansen, *Earth's Dynamic Systems* 10th Edition. New York: Prentice Hall, 2003.

Hartmann, W.K. *A Traveler's Guide to Mars*.Workman Publishing, 2003.

Squyres, S. *Roving Mars: Spirit, Opportunity, and the Exploration of the Red Planet*. New York: Hyperion, 2005.

Geology, earthquakes, volcanoes

第4章

Lopes, Rosaly, and M.C. Carroll *Alien Volcanoes*. Baltimore: Johns Hopkins University Press, 2008.

Lopes, R.M.C. and T.K.P. Gregg eds. *Volcanic Worlds: Exploring the Solar System's Volcanoes*. Berlin: Springer-Verlag, 2004.

Sigurdsson, H., ed. *Encyclopedia of Volcanoes*. San Diego, Academic Press, 2000.

Volcano World—University of North Dakota

第5章

Mars Global Surveyor

Mars Phoenix Lander Mission

Cassini Imaging Home Page

第6章

Benn, D.I. and Evans, D.J.A. *Glaciers and Glaciation*. London: Arnold, 1998.

Lorenz, R. and J. Mitton, *Titan Unveiled: Saturn's Mysterious Moon Explored*. Cambridge MA: Cambridge University Press, 2008.

National Snow and Ice Data Center

Panel on Climate Change

第7章

Bell, Jim. *Postcards from Mars*. New York: Dutton, 2007.

CRISM spectrometer on Mars Reconnaissance Orbiter

Mars Reconnaissance Orbiter

University of Arizona Lunar and Planetary Laboratory

第8章

Grinspoon, D. *Lonely Planets: The Natural Philosophy of Alien Life*. New York: Harper Collins, 2003.

Lunine, J.I. *Earth: Evolution of a Habitable World*. Cambridge MA: Cambridge University Press, 1999.

Committee on an Astrobiology Strategy for the Exploration of Mars, National Research Council, *An Astrobiological Strategy for the Exploration of Mars,* Washington. D.C.: 2007.

第9章

Casoli, Fabienne, and Encrenaz, T. *The New Worlds: Extrasolar Planets*. New York: Springer, 2007.

McSween, Harry Y. *Fanfare for Earth: The Origin of Our Planet and Life*. New York: St. Martin's Press, 1997.

PlanetQuest—the search for other worlds

Terrestrial Planet Finder—searching out other Earths

University of Pittsburgh–Planet Search

Kepler mission—search for habitable planets

Search for life

关于作者

汤姆·琼斯是一位行星科学家，同时身兼作家、演说家，曾是美国国家航空航天局的宇航员。他参加过4次空间飞行任务，领导了3次太空行走任务，协助同事完成了国际空间站主要实验舱——美国"命运号"实验舱的安装调试工作。他是《太空行走：宇航员回忆录》（Harper Collins，2006）和《地狱鹰》（与罗伯特·F.多尔合著，Zenith Press，2008）两本书的作者。汤姆·琼斯经常为《美国航空航天》和《史密森尼航空航天》等杂志撰稿，同时也是福克斯新闻太空飞行频道的常任播音员。作为美国空间探索协会的常任理事，他常驻得克萨斯州的休斯敦，从事写作、咨询以及演讲活动。

艾伦·斯托芬是一位行星地质学家，主要研究金星、火星、土卫六和地球上的火山活动和板块构造特征。在喷气推进实验室任职期间，她兼任美国国家航空航天局"新米伦–尼姆计划"的首席科学家，参与"麦哲伦号"金星探测器项目。她目前是普罗塞米研究所的高级研究员和伦敦大学学院地球科学学科的名誉教授。她与丈夫及3个孩子生活在弗吉尼亚州的一个农场里。

致　谢

这本书的编写和出版离不开我们各自另一半的理解与支持，感谢丽兹·琼斯与蒂姆·邓恩，他们这几个月的默默付出成就了此书。早在写作开始之前的筹备阶段，丽兹和蒂姆就全力支持我们接连不断的野外考察、行星科学会议、航天飞行训练、任务演习以及离开地球数周的远行。感谢我们的孩子们——安妮·琼斯和布莱斯·琼斯，以及瑞安·邓恩、艾米丽·邓恩和萨拉·邓恩。

感谢我们的经纪人德博拉·C.格罗夫纳的鼓励、耐心以及对本书的大力支持。

我们非常荣幸能与美国国家地理图书公司的编辑、设计师和图像制作团队合作，感谢编辑丽莎·托马斯和芭芭拉·赛伯、图像专员艾琳·班尼特、设计师卡梅隆·卓特，以及助理编辑奥利维亚·加内特和朱迪思·克莱因。

我们对行星科学界的同人给予的鼓励和建议表示衷心的感谢，尤其感谢乔纳森·鲁宁、辛迪·埃文斯、费斯·维拉斯、马克·罗宾逊、约翰·盖斯特、史蒂夫·安德森和苏·斯姆雷卡。本书中出现的任何错误将完全由作者负责。

行星科学的发展离不开那些将整个职业生涯奉献给太阳系研究工作的先驱者。本书中记述的所有惊人的科学发现都来自他们在地球科学和行星科学领域的辛勤付出。我们尤其要铭记那些在地球上和太空中冒着生命危险进行探索甚至不幸付出生命的冒险者。我们已经把探测器送到太阳系的最远处，还发射了巨型空间望远镜搜寻其他恒星周围的行星系统，也许有一天我们人类可以踏上遥远星球的土地。那么到了那一天，我们永远也不能忘记"阿波罗1号""联盟1号""联盟11号""挑战者号"和"哥伦比亚号"的探索者们曾做出的杰出贡献。

图片来源

i, NASA/JPL/University of Arizona; iv-v, Image Science and Analysis Laboratory, NASA-Johnson Space Center. "The Gateway to Astronaut Photography of Earth."; 2-3, NASA images by Reto Stöckli, based on data from NASA and NOAA; 4-5, NASA/JPL-Caltech/University of Arizona/Cornell/Ohio State University; 5 (下图), Courtesy of NASA's National Space Science Data Center; 5 (上图), Landsat imagery courtesy of NASA Goddard Space Flight Center and U.S. Geological Survey; 6-7, Bates Littlehales; 7 (上图), Image Science and Analysis Laboratory, NASA-Johnson Space Center. "The Gateway to Astronaut Photography of Earth."; 8-9, NASA/JPL; 10, NASA/JPL; 11 (上图), NASA/JPL/Space Science Institute; 11 (下图), ESA/DLR/FU Berlin (G. Neukum); 12-13, GeoEye; 13 (上图), Image Science and Analysis Laboratory, NASA-Johnson Space Center. "The Gateway to Astronaut Photography of Earth."; 13 (中图), Landsat imagery courtesy of NASA Goddard Space Flight Center and U.S. Geological Survey; 13 (下图), ESA; 14-15, NASA/JPL/University of Arizona; 15, Gordon Wiltsie/NG Image Collection; 16-17, Robert W. Madden; 17, Thomas Jones; 18, Courtesy of the NAIC - Arecibo Observatory, a facility of the NSF; 19, ESA; 19 (上图), NASA/JPL; 20 (左上图), Wikipedia; 20 (右上图), Courtesy of NASA's National Space Science Data Center; 20 (左下图), Wikipedia; 20 (中下图), Wikipedia; 20 (右下图), Wikipedia; 21 (左上图), NASA; 21 (右上图), McREL for NASA; 21 (左下图), Courtesy of NASA's National Space Science Data Center; 21 (右下图), NASA; 22-23, NASA/JPL/Space Science Institute; 22 (左图), NASA/JPL/Space Science Institute; 24-25, Adriel Heisey; 26, Courtesy of The Macovich Collection; 27, Landsat imagery courtesy of NASA Goddard Space Flight Center and U.S. Geological Survey; 27 (左上图), NASA; 28-29, NASA; 29, Wikipedia; 30-31, Harman Smith and Laura Generosa (nee Berwin), graphic artists and contractors to NASA's Jet Propulsion Laboratory.; 31 (上图), T. A. Rector (University of Alaska Anchorage), Z. Levay and L.Frattare (Space Telescope Science Institute) and WIYN/NOAO/AURA/NSF; 31 (中图), Fred Bruenjes; 31 (下图), NASA/JPL; 32, 33, NASA/GSFC/METI/ERSDAC/JAROS and U.S.Japan ASTER Science Team; 33 (右图), NASA/JPL/Space Science Institute; 34-35, NASA/Goddard Space Flight Center Scientific Visualization Studio; 34 (左上图), DigitalGlobe and Satellite Imaging Corporation; 34 (右上图), NASA (下图), NASA/JPL; 35 (左上图), Jiri Moucka; 35 (右上图), NASA; 35 (左下图), NASA; 35 (右下图), NASA/GSFC/METI/ERSDAC/JAROS and U.S.Japan ASTER Science Team; 35 (中下图), NASA; 35 (右下图), NASA; 36, NASA/JPL/Space Science Institute; 36-37, NASA/Johns Hopkins University Applied Physics Laboratory/Carnegie Institution of Washington; 37, NASA John W. Young; 38, 39, Courtesy of Fahad Sulehria; 40-41, Courtesy of JAXA, ISAS; 41, Tunc Tezel; 41 (右图), Ali Jarekji/Reuters/CORBIS; 42-43, NASA/JPL/Space Science Institute, David Seal; 43 (右图), H. Hammel, MIT and NASA; 43 (左上图), NASA/Calar Alto Observatory; 44-45, NASA; 45 (右图), Galileo Project, Brown University, JPL, NASA; 46, Pixeldust Studios; 47, Jacques Descloitres, MODIS Land Science Team; 47 (右下图), NASA/GSFC/METI/ERSDAC/JAROS and U.S.Japan ASTER Science Team; 48, Zhifeng Wang; 48-49, Frans Lanting; 49, NASA/JPL; 50-51, Yann Arthus-Bertrand/CORBIS; 51, Tim Dunn/Mt. Etna, Sicily/Ellen Stofan, Sarah Dunn; 52, NASA/JPL; 53, Bartosz Wardzinski/Shutterstock; 54-54, NASA/Johns Hopkins University Applied Physics Laboratory (or NASA/JHUAPL); 55, Courtesy of Palomar Observatory,

California Institute of Technology; 56-57, Winfield I. Parks, Jr.; 58-59, Jaime Quintero; 59, NASA; 60, NASA/JPL/Space Science Institute; 60 (下图), NASA/JPL/NIMA; 61 (下图), Susan Sanford; 61 (中图), Susan Sanford; 61 (上图), Susan Sanford; 62, NASA; 62-63, NASA/JPL/ASU; 64-65, NASA; 65, Sisse Brimberg; 66, NASA/JPL/USGS; 67, NASA/JPL/Malin Space Science Systems; 67 (下图), ESA; 68, NASA/JPL/Space Science Institute; 69, NASA/JPL; 70, NASA/JPL/University of Arizona; 71, NASA/JPL/University of Arizona; 71 (中图), NASA/Johns Hopkins University Applied Physics Laboratory/Carnegie Institution of Washington; 72-73, James L. Stanfield; 73, George F. Mobley; 75, NASA/JPL; 75 (下图), Courtesy of GeoEye; 76-77, Ken Straiton/CORBIS; 77, AP/Wide World Photos/Oded Balilty; 78-79, Peter Carsten/NG Image Collection; 80, Dorling Kindersley/Getty Images; 81, NASA; 81 (下图), NASA/JPL Magellan/E.R. Stofan; 82-83, Jaime Quintero; 83 (左图), Jacques Descloitres, MODIS Rapid Response Team, NASA/GSFC; 83 (右图), NASA/JPL/USGS; 84-85, Cheryl Nuss; 85, O. Louis Mazzatenta; 86-87, NASA; 87, NASA; 88, NASA/JPL; 88 (下图), James L. Amos; 89, NASA/USGS; 90, NASA image created by Jesse Allen, Earth Observatory, using data provided courtesy of NASA/GSFC/MITI/ERSDAC/JAROS, and U.S./Japan ASTER Science Team.; 91, NASA/JPL/University of Arizona; 91 (下图), NASA; 92, NASA; 93, NASA/JPL/ASU; 93 (右下图), NASA/JPL/University of Arizona; 94-95, NASA; 95, NASA/JPL; 96, NASA/JPL/USGS; 97, NASA/JPL/Space Science Institute; 97 (下图), NASA/JPL Cassini-Huygens Radar Mapper/E.R. Stofan; 98-99, NASA/JPL/DLR; 100-101, Emory Kristof; 101, Sarah Leen; 102-103, Image courtesy Jacques Descloitres, MODIS Land Rapid Response Team at NASA GSFC; 104, Marlene DeGrood; 105, Paul Chesley; 105 (中图), NASA/JPL/USGS; 106-107, NASA image created by Jesse Allen, using data provided by the University of Maryland's Global Land Cover Facility; 107, NASA image created by Jesse Allen, Earth Observatory, using data provided courtesy of NASA/GSFC/MITI/ERSDAC/JAROS, and U.S./Japan ASTER Science Team; 108, Walter M. Edwards; 109, NASA images created by Jesse Allen, Earth Observatory, using data provided courtesy of the Landsat Project Science Office; 109 (右下图), Andrea Booher/FEMA Photo; 110, ESA, NASA, Descent Imager/Spectral Radiometer Team (LPL); 111, ESA/DLR/FU (G. Neukum); 112, NASA/JPL/ASU; 113, NASA/GSFC/METI/ERSDAC/JAROS and U.S./Japan ASTER Science Team; 114, ESA/DLR/ FU Berlin (G. Neukum); 114-115, Joel Sartore; 115, Ralph Gray; 116, NASA/JPL/Malin Space Science Systems; 117, Brenda Beitler, University of Utah; 117 (右上图), NASA/JPL/Cornell/USGS; 118-119, South Florida Water Management District; 119, South Florida Water Management District; 119 (左上图), NASA/JPL/USGS; 120-121, Frans Lanting; 121, NASA; 122-123, NASA; 123, Photographer's Mate 2nd Class Philip A. McDaniel; 124-125, Maria Stenzel; 126, Risteski Goce/Shutterstock; 127, Brian Skerry; 127 (右图), Frank Hurley/CORBIS; 128-129, ESA/AOES Medialab; 130, EESA/DLR/FU Berlin (G. Neukum); 130-131, NASA/JPL Malin Space Science Systems; 131, NASA/JPL/MSSS; 132-133, NASA/JPL/University of Arizona; 133, Mikhail Pogosov/Shutterstock; 134, South Tyrol Museum of Archeology (Bolzano Italy); 135, IKONOS satellite image courtesy GeoEye. Image interpretation courtesy Ted Scambos, National Snow and Ice Data Center; and Tad Pfeffer, Institute of Arctic and Alpine Research.; 135 (右上图), S. Greg Panosian; 136-137, James L. Amos; 136 (下图), NASA/JPL/Malin Space

Science Systems; 138-139, ESA/DLR/FU Berlin (G. Neukum); 139, Maria Stenzel; 140, Map Compilation: Technische Universität Berlin, 2006; Image Data: ESA / DLR / FU Berlin (G. Neukum); 141, Oddur Sigurðsson; 141 (右上图), NASA/JPL/Arizona State University; 142-143, Jon Larson/iStockphoto; 142 (左图), NASA; 144-145, NASA/JPL; 145 (上图), NASA/Goddard Space Flight Center Scientific Visualization Studio; 145 (下图), NASA/Goddard Space Flight Center Scientific Visualization Studio; 146-147, Landsat imagery courtesy of NASA Goddard Space Flight Center and U.S. Geological Survey; 148, National Weather Service; 149, NASA; 149 (下图), ESA/VIRTIS/INAF-IASF/Obs.Paris-LESIA;150-151, NASA; 151, NASA/JPL/Space Science Institute; 152, George Steinmetz; 153, ESA/DLR/FU Berlin (G. Neukum); 153 (右上图), NOAA George E. Marsh Album; 154-155, NASA/JPL/Cornell; 155, Ira Block/NG Image Collection; 156, ESA, AP/Wide World Photos/Laura Rauch; 157, NASA/Malin Space Science Systems; 157 (右上图), NASA/JPL/MSSS; 158-159, Robert Sisson; 160, NASA/JPL/Malin Space Science Systems; 160-161, NASA/JPL-Caltech/Cornell; 161, NASA/JPL/University of Arizona; 162, NASA/JPL/Malin Space Science Systems; 163, Thomas J. Abercrombie; 163 (右下图), NASA; 164-165, NASA/JPL; 165, NASA/JPL; 166-167, National Oceanic and Atmospheric Administration/Department of Commerce; 167 (中图), George Steinmetz; 168-169, Robert B. Haas; 170, Wikipedia; 171, The Natural History Museum/Alamy Ltd; 172, AP/Wide World Photos; 173, Nemo Ranjet/Science Photo Library; 174-175, National Oceanic and Atmospheric Administration/Department of Commerce; 175, Frank Lane Picture Agency/CORBIS; 176-177, Seth Shostak; 177 (上图), NASA; 177 (中图), Johns Hopkins University Applied Physics Laboratory/Southwest Research Institute; 177 (下图), NASA/JPL/Space Science Institute; 178-179, ESA/DLR/FU Berlin (G. Neukum); 178, ESA/DLR/FU Berlin (G. Neukum); 179, Norbert Rosing/NG Image Collection; 180, NASA/JPL/University of Arizona; 181, Pacific Ring of Fire 2004 Expedition. NOAA Office of Ocean Exploration; Dr. Bob Embley, NOAA PMEL, Chief Scientist; 182-183, NASA/JPL; 183, Annie Griffiths Belt; 184-185, NASA/JPL-Caltech; 185, Michael Nichols, NGP; 186, Roger Ressmeyer/CORBIS; 187, ESA; 188-189 (左图), Louis Psihoyos/CORBIS; 188-189 (右图), Chris Newbert/Minden Pictures/NG Image Collection; 190-191, NASA, ESA, and The Hubble Heritage Team (STScI/AURA); 192, Stephen L. Alvarez; 192-193, NASA, ESA, S. Beckwith (STScI), and The Hubble Heritage Team (STScI/AURA); 193, MicroFUN Collaboration, CfA, National Science Foundation; 194, Mark Thiessen, NGP; 195, NASA/JPL-Caltech; 196-197, Image courtesy of the Image Science & Analysis Laboratory, NASA Johnson Space Center; 197, NASA; 198-199, NASA/JPL-Caltech/K. Su (Univ. of Ariz.) & NASA/JPL-Caltech; 199, NASA, ESA and G. Bacon (STScI); 200-201, NASA, ESA and AURA/Cal; 200 (左上图), NASA/JPL-Caltech/J. Stauffer (SSC/Caltech); 202, ESA - C.Carreau; 203, Image courtesy of Trent Schindler and the National Science Foundation; 204-205, George F. Mobley; 206-207, NASA/California Association for Research in Astronomy/W. M. Keck Observatory/T. Wynne.